Thomas Lube

***

Möglichkeiten zur Nutzung von Abwärme aus Biogasanlagen

www.salzwasserverlag.de/wissenschaft

Lube, Thomas

Möglichkeiten zur Nutzung von Abwärme aus Biogasanlagen

1. Auflage 2007 | ISBN: 978-3-86741-035-9

© CT Salzwasser-Verlag GmbH & Co. KG, 2007
(www.salzwasserverlag.de). Alle Rechte vorbehalten.

Herstellung: Hohnholt Reprografischer Betrieb GmbH
(www.hohnholt.com). Gedruckt auf chlorfreiem Papier.

Die Deutsche Bibliothek verzeichnet diesen Titel in der Deutschen Nationalbibliografie. Bibliografische Daten sind unter http://dnb.ddb.de verfügbar.

Dieses Fachbuch wurde nach bestem Wissen und mit größtmöglicher Sorgfalt erstellt. Im Hinblick auf das Produkthaftungsgesetz weisen Autoren und Verlag darauf hin, dass inhaltliche Fehler und Änderungen nach Drucklegung dennoch nicht auszuschließen sind. Aus diesem Grund übernehmen Verlag und Autoren keine Haftung und Gewährleistung. Alle Angaben erfolgen ohne Gewähr.

Salzwasser
Verlag

Inhaltsverzeichnis

Abbildungsverzeichnis   IV

Tabellenverzeichnis   V

Abkürzungsverzeichnis   VI

1   Einleitung zum Thema   1

1.1   Vorwort   1

1.2   Ziel der Untersuchung   2

2   **Grundlagen**   **4**

2.1   Grundfunktionen einer Biogasanlage   4

2.2   Ausgangssituation der Abwärme von Biogasanlagen   6

2.3   Wärmeenergiebilanz einer Biogasanlage   7

2.3.1 Beschreibung der Beispielanlage   7

2.3.2 Wärmeauskopplung am BHKW   8

2.3.3 Prozesswärmebedarf   11

2.3.4 Abwärmepotential (Temperatur und Wärmemenge)   11

3   **Konzepte zur alternativen Nutzung der Abwärme**   **14**

3.1   Mobiler Latentwärmespeicher   15

3.1.1 Funktion des mobilen Latentwärmespeichers   15

3.1.2 Möglichkeiten und Grenzen des mobilen Latentwärmespeichers   16

3.2   Absorptionskälteanlagen   17

3.2.1 Funktionsweise der Absorptionskälteanlagen   17

3.2.2 Möglichkeiten und Grenzen für den Einsatz einer Absorptionskälteanlage   19

3.3   Adsorptionskälteanlagen   20

3.3.1 Funktionsweise der Adsorptionskältemaschine   20

3.3.2 Möglichkeiten und Grenzen für den Einsatz einer Adsorptionskälteanlage   22

3.4   Dampferzeugung   23

3.4.1	Funktion der Dampferzeugung	23
3.4.2	Möglichkeiten und Grenzen für die Dampferzeugung	24
3.5	Stirling-Motor	24
3.5.1	Funktionsweise des Stirlingmotors	25
3.5.2	Möglichkeiten und Grenzen des Einsatzes vom Stirling-Motor	26
3.6	Dampfschraubenmotoranlage	27
3.6.1	Funktionsweise einer Dampfschraubenmotoranlage	28
3.6.2	Möglichkeiten und Grenzen einer Dampfschrauben-motoranlage	29
3.7	Organischer Rankine Kreisprozess (ORC)	30
3.7.1	Funktionsweise des Organischen Rankine Kreisprozesses (ORC)	30
3.7.2	Möglichkeiten und Grenzen des Organischen Rankine Kreisprozesses	32
4	**Machbarkeit der Konzepte in Bezug auf die Beispielanlage**	**33**
4.1	Mobiler Latentwärmespeicher	33
4.2	Absorptionskälteanlage	36
4.3	Adsorptionskälteanlage	39
4.4	Dampferzeugung	42
4.5	Stirling-Motor	44
4.6	Dampfschraubenmotor	45
4.7	ORC-Prozess	46
5	**Wirtschaftlichkeitsberechnungen**	**50**
5.1	Stromvergütung im Rahmen des Erneuerbare-Energien-Gesetzes (EEG)	50
5.2	Energieeinsparungen bei der Notkühlanlage	52
5.3	Wirtschaftlichkeitsberechnung des mobilen Latentwärmespeichers	54
5.4	Kostenvergleich einer Kompressions- und einer Absorptionskältemaschine	57
5.5	Kostenvergleich einer Kompressions- und einer Adsorptionskältemaschine	59
5.6	Stromgestehungskosten durch eine ORC-Anlage in einem Biogaspark	62
6	**Ergebnisse und Diskussion**	**64**

7	Ausblick und gemachte Erfahrungen	69
8	Zusammenfassung	72
Literaturverzeichnis		74

Abbildungsverzeichnis

Abb. 2.2-1: Funktionsschema einer Biogasanlage	6
Abb. 2.3-1: GE Jenbacher Gasottomotor BHKW	8
Abb. 2.3-2: Warmwasserkreislauf	12
Abb. 3-1: Theoretische Konzepte zur Abwärmenutzung	14
Abb. 3.1-1: Funktionsprinzip Latentwärmespeicher	15
Abb. 3.1-2: Funktionsprinzip mobiler Latentwärmespeicher	15
Abb. 3.1-3: mobiler Latentwärmespeicher	16
Abb. 3.2-1: Schema eines Absorptionskreislaufs	18
Abb. 3.3-1: Funktionsschema einer Adsorptionsmaschine	21
Abb. 3.3-2: Adsorptionskälteanlage im Uniklinikum Freiburg	22
Abb. 3.4-1: Schema der Dampferzeugung	23
Abb. 3.5-1: Stirling-Motor	25
Abb. 3.5-2: Solar Stirling-Motor	27
Abb. 3.5-3: Solo Stirling-Motor	27
Abb. 3.6-1: Dampfschraubenmotor Prozess	28
Abb. 3.6-2: Dampfschraubenmotor Schnitt	28
Abb. 3.6-3: Dampfschraubenmotor	29
Abb. 3.7-1: ORC-Prinzip mit Energiefluss	31
Abb. 3.7-2: ORC-Anlage	32
Abb. 4.1-1: Verlauf des Wärmeinhalts des Trans-Heat-Systems mit Natriumaceteathydrid	34
Abb. 4.4-1: Abhitzekessel	43
Abb. 5.2-1: Tischkühler	52

Tabellenverzeichnis

Tab. 2.3-1 : Prozesswärmebedarf für den Fermenter 11

Tab. 2.3-2 : Wärmeleistung und Temperaturniveau der Abwärme vom BHKW 13

Tab. 4.1-1: Technische Daten des Trans-Heat-Systems 33

Tab. 4.2-1: Technische Daten einer Absorptions- und einer Kompressions-Kältemaschine 38

Tab. 4.3-1: Technische Daten der Adsorptionskälteanlage NAK 40

Tab. 4.3-2: Leistungsdaten bei einer Heizwassertemperatur von 70 °C 41

Tab. 4.4-1: Dampfdaten 42

Tab. 4.4-2: Spezifische Daten des Motors J 312 43

Tab. 4.4-3: Spezifische Daten des Ölbrenners 43

Tab. 4.6-1: Technische Daten eines Dampfschraubenmotors von Köhler und Ziegler 45

Tab. 4.7-1: Technische Daten einer CHP- und einer HR-Standard- ORC- Anlage 47

Tab. 4.7-2: Technische Daten des ORC-Prozesses – Biomasse Heizkraftwerk Holzindustrie Admont 48

Tab. 4.7-3: Technische Daten des ORC-Erdwärme-Kraftwerks in Neustadt-Glewe 48

Tab. 5.1-1 : Mindestvergütungssätze nach dem EEG 2005 50

Tab. 5.2-1: Daten für den Rückkühler 53

Tab. 5.3-1: Kostenrechnung des Trans-Heat-Systems 54

Tab. 5.3-2: Jahresgesamtkosten des Trans-Heat-Systems 55

Tab. 5.7-1: Angenommene technische Daten für eine ORC-Anlage in einem Biogaspark 62

Tab. 5.7-2: Angenommene Kosten einer ORC Anlage in einem Biogaspark 62

Abkürzungsverzeichnis

a	Annuität
a	Jahr
AG	Aktien Gesellschaft
BHKW	Blockheizkraftwerk
C	Kapitalwert
C.O.P.	Coefficient of Permanenece (Wärme / Kälteverhältnis)
CCM	Corn-Cob-Mix
CO_2	Kohlendioxid
cp_L	Spezifische Wärmekapazität von Luft
d	Tag
EDV	Elektronische Datenverarbeitung
EEG	Erneuerbare Energien Gesetz
Eü	Einnahmeüberschuss
GE	General Electrics
GmbH	Gesellschaft mit beschränkter Haftung
h	Stunde
H_2O	Wasser
I	Investition
i	Zinssatz
K	Temperatur in Kelvin
kg	Kilogramm
kJ	Kilojoule
kW	Kilowatt
$kW_{elektrisch}$	Kilowatt elektrisch
$kW_{thermisch}$	Kilowatt thermisch
kWh	Kilowattstunde
KWK	Kraft-Wärme-Kopplung
KWKK	Kraft-Wärme-Kälte-Kopplung
LiBr	Lithium-Bromid

m³	Kubikmeter
MW	Megawatt
MWh	Megawattstunden
n	Nutzungsdauer
ORC	Organic Rankine Cycle (organischer Rankine Kreisprozess)
PCM	Phase Change Material
P_{el}	Elektrische Leistung
Q_{BHKW}	Thermische Leistung des BHKW
$Q_{ø}$	Durchschnittliche Abwärmeleistung
Q_{Winter}	Abwärmeleistung im Winter
s	Sekunde
t	Tonne
T_{Abgas}	Abgastemperatur in °C
$T_{Kühlwasser}$	Kühlwassertemperatur in °C
t_1	Eintrittstemperatur
t_2	Austrittstemperatur
Wh	Wattstunden
WT	Wärmetauscher
η_{BHKW}	Vollastbereich des BHKW
ρ_L	Dichte von Luft
$\dot{V}$	Luftvolumenstrom
$\dot{Q}$	Wärmestrom
°C	Temperatur in Grad Celsius

1 Einleitung zum Thema

1.1 Vorwort

„Energie ist einer der bedeutsamsten Faktoren für eine gesunde, wirtschaftliche und soziale Entwicklung und die Verbesserung der Lebensqualität." [1]

Das oben genannte Zitat stammt aus der Agenda 21 (Kapitel 9.9) der Konferenz der Vereinten Nationen für Umwelt und Entwicklung im Juni 1992 in Rio de Janeiro. In dieser Untersuchung geht es in erster Linie um das Thema Energieerzeugung oder Energieumwandlung. In der Agenda 21 haben sich die Mitgliedsstaaten dazu verpflichtet, den Klimawandel, der durch einen zu hohen Treibhauseffekt zustande kommt, zu stoppen.

Die Treibhausgase der Erdatmosphäre machen gerade einmal 0,1 % aus, sie wirken jedoch wie die Glasscheiben eines Treibhauses, die die Sonnenstrahlen durch die Erdatmosphäre hindurch lassen, aber einen Teil der vom Erdboden zurückstrahlenden Wärme reflektieren. Ohne diesen Effekt läge die Durchschnittstemperatur auf dieser Erde bei ca. -18 °C. Deshalb ist kein Leben ohne Treibhausgase auf dieser Erde möglich. Die Verbrennung von fossilen Energieträgern (Kohle, Öl und Erdgas), die zur Erzeugung von Energie dienen, sind allerdings für den Ausstoß des Treibhausgases Kohlendioxid (CO_2) mitverantwortlich, das zu einem so genannten „zusätzlichen Treibhauseffekt" beiträgt. Dieser „zusätzliche Treibhauseffekt" kommt durch Freisetzung von Treibhausgasen wie CO_2 zustande und ist ein vom Menschen verursachter Treibhauseffekt, der zum zusätzlichen Anstieg der Temperaturen und einer Verstärkung der atmosphärischen Prozesse (z.B. Verdunstung, Wind) führt. Die fossilen Energieträger dienen weltweit zu ca. 80 % zur Energieerzeugung. Wissenschaftler und Politiker sind sich deshalb einig, dass der Verbrauch von fossilen Energieträgern in Zukunft deutlich reduziert werden muss, um den „zusätzlichen Treibhauseffekt" zu stoppen und den Klimawandel zu verhindern. Außerdem sind die fossilen Energieträger nicht unbegrenzt vorhanden, daher ist eine Umstellung auf erneuerbare Energien früher oder später erforderlich. Im Kyoto Protokoll verpflichten sich die Industriestaaten, die

Treibhausgase zu verringern und somit die erneuerbaren Energien zu fördern.

Zu den erneuerbaren Energien gehören unter anderem die Sonnenenergie, Wasserkraft, Windenergie, Geothermie, Biomasse (z.B. Holz, Stroh) sowie die Energiegewinnung aus organischen Reststoffen (Biogas). Die Verbrennung von Biogas reduziert zusätzlich die Belastung, die durch das Treibhausgas Methan entstehen. Die erneuerbaren Energien werden in Deutschland durch das „Erneuerbare Energien Gesetz (EEG)" vorangebracht. So lautet das Ziel des Gesetzes, dass der Anteil der Stromproduktion durch alternative Energien bis zum Jahre 2010 12,5 % und bis zum Jahre 2020 20 % betragen soll. Dieses Ziel wird durch die hohe Vergütung der Energieeinspeisung von erneuerbaren Energiequellen in das öffentliche Stromnetz vorangebracht. Die gewonnene Energie sollte außerdem optimal genutzt und verteilt werden, um den allgemeinen Energieverbrauch zu senken. So wird auch die Kraft-Wärme-Kopplung gefördert, die bei der Verbrennung thermische und auch elektrische Energie nutzt. Also wird eine optimale Ausbeute der Verbrennung gefördert. [2, 3]

1.2 Ziel der Untersuchung

Biogasanlagen nehmen in Deutschland zunehmenden Einfluss auf die Energieerzeugung, jedoch kann die thermische Energie, die bei der Verbrennung von Biogas im Blockheizkraftwerk (BHKW) entsteht, oft nicht vollständig genutzt werden und geht deshalb häufig verloren.

In dieser Arbeit sollen deshalb Möglichkeiten zur Nutzung der thermischen Energie aufgezeigt werden. Dazu ist zunächst die Wärmeenergiebilanz einer Biogasanlage besonders wichtig, um zu wissen wie hoch das nutzbare Abwärmepotential ist und welche Systeme mit diesem thermischen Energiepotential betrieben werden können. Außerdem werden verschiedene ausgewählte Anlagen zur Abwärmeverwertung beschrieben und die theoretischen Möglichkeiten dieser Systeme aufgezeigt. Dann werden die ausgewählten Anlagen mit den technischen Daten der Herstellerfirmen auf ihre Anwendbarkeit in Bezug auf die Beispielanlage kontrolliert. Anschließend wird überprüft ob die anwendbaren Systeme wirtschaftlich sind. Abschließend werden die gemachten Erfahrungen und Ergebnisse diskutiert.

Das Ziel dieser Untersuchung ist es, neue, zum jetzigen Zeitpunkt technisch machbare, und wirtschaftliche Möglichkeiten der Abwärmenutzung zu finden.

2 Grundlagen

2.1 Grundfunktionen einer Biogasanlage

Grundsätzlich ist Biogas ein Stoffwechselprodukt verschiedener Bakterienstämme, das beim Abbau von organischer Masse entsteht. Der Faulprozess von organischen Abfällen findet in vier Phasen statt, die Hydrolyse, Versäuerung, Essigsäurebildung und Methanbildung genannt werden. Damit diese vier Phasen und die dazugehörigen Bakterienstämme entstehen, ist für die richtigen Lebensbedingungen zu sorgen. Es sollte ein feuchtes und warmes Milieu herrschen, das Substrat luft- und lichtdicht abgeschlossen sein, der pH-Wert schwach alkalisch sein und die Nährstoffversorgung gewährleistet sein. Die Biogasqualität hängt von dem Gärsubstrat (Ferment) ab. So kann der Methananteil je nach Gärsubstrat schwanken, aber in der Regel liegt der Methananteil bei ca. 50-65 %. Um Biogas herzustellen, gibt es verschiedene Verfahren.

Im Folgenden wird die Grundfunktion einer Biogasanlage der Firma EnviTec beschrieben (siehe Abb. 2.1-1). Diese Anlage wird mit einem einstufigem, volldurchmischtem Durchflussfermenter gebaut. Als Erstes wird die Gülle über Rohrleitungen in einen Zwischenspeicher gepumpt. Von dort aus gelangt sie im richtigen Mischungsverhältnis mit den nachwachsenden Rohstoffen (z.B. Mais, Getreide) und den möglicherweise weiteren Kofermenten, wie z.B. Fettabscheiderfette, Molke, Schlempe oder Essensresten in den Mischbehälter.

Die nachwachsenden Rohstoffe und die Kofermenten werden in einem Bunker in einer Halle gelagert, um Geruchsemissionen zu vermeiden. Von dort aus werden sie über eine Schneckenpumpe ebenfalls zum Mischbehälter geführt.

Im Mischbehälter werden in regelmäßigen Abständen alle Stoffe vermischt und dann dem Fermenter zugeführt. Der Fermenter ist gewissermaßen der Faulbehälter, in dem die optimalen Bedingungen für die Bakterien herrschen sollten. Der Fermenter muss konstant auf eine Temperatur im Bereich von 35-37 °C, im so genannten mesophilen Bereich, gehalten werden. Dazu ist eine Fermenterheizung notwendig. Mit Rührwerken wird das Substrat ständig gemischt. Der Fermenter ist so ausgelegt, dass das Substrat im Fermenter eine durchschnittliche Verweildauer von 30-50 Tagen erreicht.

Über einen Überlauf gelangt das vergorene Substrat in einen Lagerbehälter. Vom Lagerbehälter wird die vergorene Gülle zur Düngemittelaufbereitung befördert oder direkt aufs Feld ausgefahren. Das gewonnene Biogas, das im Gasraum des Fermenters gespeichert wird, muss entschwefelt werden, um Korrosionen an der Gasanlage und am Blockheizkraftwerk (BHKW) zu vermeiden.

Die Entschwefelung geschieht dadurch, dass Luft in den Fermenter geblasen wird, demzufolge erhöht sich der Sauerstoffgehalt und der Schwefelwasserstoff reagiert mit dem Sauerstoff zu elementarem Schwefel. Dieser lagert sich auf der Biogasgülle ab und steht als Spurenelement auf dem Acker zur Verfügung. Das Biogas aus dem Gasraum des Fermenters gelangt über eine Rohrleitung zur Gasaufbereitung, wo es noch entfeuchtet wird. Außerdem wird es mit Hilfe eines Vedichters auf einen höheren Druck gebracht, um es anschließend dem BHKW zugeführt werden zu können.

Das Biogas wird in einem BHKW´s (Gasottomotor mit Generator) verbrannt, es kann somit elektrische und thermische Energie erzeugt werden. Ein Teil der elektrischen Energie muss jedoch für die Rührwerke, die Pumpen und die Rückkühler und ein Teil der thermischen Energie für die Fermenterheizung aufgebracht werden. Die gewonnene elektrische Energie wird in das öffentliche Stromnetz eingespeist und vergütet. Die thermische Energie wird teilweise zur Beheizung von Ställen, Wohnhäusern, Gewächshäusern oder auch als Fernwärme genutzt. In den meisten Fällen bleibt der größte Teil der thermischen Energie bisher ungenutzt und geht somit über das Abgas und die Rückkühler des Motors verloren. [4, 5]

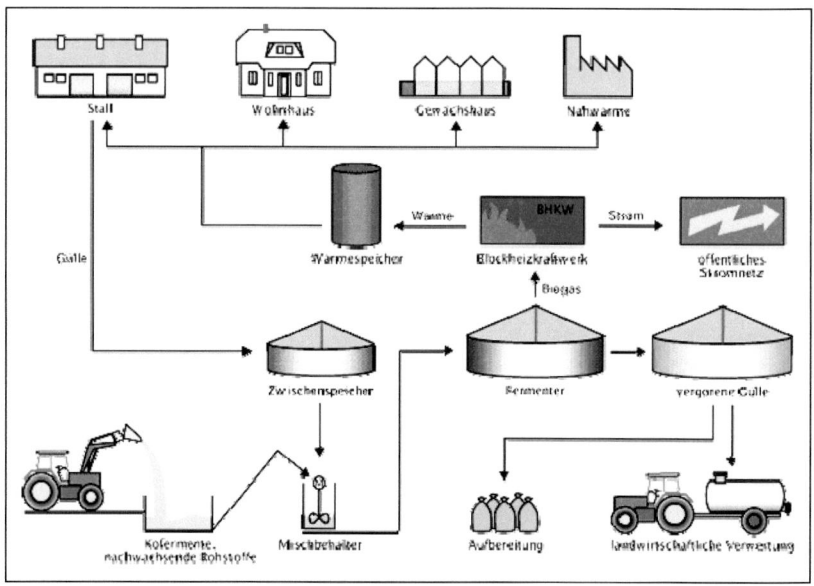

Abb. 2.1-1: Funktionsschema einer Biogasanlage [6]

2.2 Ausgangssituation der Abwärme von Biogasanlagen

Um eine Biogasanlage wirtschaftlicher zu betreiben, ist es sinnvoll, die thermische Energie vollständig zu nutzen. Es kann Energie zur Beheizung für den landwirtschaftlichen Betrieb eingespart und die Wärmeenergie zusätzlich an andere Verbraucher verkauft werden.

Zunächst bietet es sich an, die Wärmeenergie für die Beheizung und Warmwasserbereitung des Wohnhauses vom Landwirt und zur Beheizung der Ställe einzusetzen. Für die Beheizung ist ein Nahwärmenetz erforderlich. Dazu werden wärmegedämmte Rohre im Erdboden verlegt und das Wärmeträgermedium „Wasser" mit einer Pumpe zu den jeweiligen Abnehmern verteilt, sowie auf die Heizkreise übertragen. Allerdings steht bei großen Biogasanlagen weitaus mehr thermische Energie zur Verfügung, als für die Beheizung von Ställen und des Wohngebäudes nötig ist, besonders in den Sommermonaten, wo keine Wärmeenergie gebraucht wird.

Für den Verkauf der thermischen Energie an andere Verbraucher ist der Standort der Biogasanlage von entscheidender Bedeutung. Die geringe Entfernung zu den landwirtschaftlichen Betrieben und die meist große Entfernung zu möglichen Wärmeabnehmern stellt sich als Problem dar. Eine Biogasanlage wird in der Regel nicht in der Nähe von Wohngebieten- und Gewerbeflächen errichtet. Eine Fernwärmeleitung zur nächsten Ortschaft zu verlegen ist jedoch mit immensen Kosten verbunden. Als sehr günstig erweist sich die Abwärme für Gärtnereien, Fischzuchtbetriebe oder für andere Industriebetriebe, die sich in der Nähe einer Biogasanlage befinden, zu nutzen.

Bei der Beispielanlage in Steinfurt/Borghorst soll demnächst ein Krankenhaus ganzjährig mit der überschüssigen thermischen Energie versorgt werden und den Grundwärmebedarf des Krankenhauses decken. In diesem Fall sind die Biogasanlage und das Krankenhaus nicht weit voneinander entfernt, dass sich der Bau einer Fernwärmeleitung rechnet.

Aus wirtschaftlichen Gründen kommt es nur selten vor, dass ein Fernwärmenetz zur nächsten Ortschaft oder zu anderen Abnehmern gebaut wird, so dass die Wärmeenergie oft ungenutzt bleibt. [4]

2.3 Wärmeenergiebilanz einer Biogasanlage

Um die Möglichkeiten der Abwärmenutzung genau zu untersuchen, ist es zunächst erforderlich zu wissen, wie viel Abwärme anfällt und nutzbar gemacht werden kann. Außerdem wird ein Teil der Wärmeenergie für die Prozesswärme benötigt, die wiederum von der gesamten Wärmemenge abgezogen werden muss. Im Folgenden wird eine Wärmeenergiebilanz für die Biogasanlage in Steinfurt/Borghorst erstellt.

2.3.1 Beschreibung der Beispielanlage

Die Biogasanlage Schulze/Düding in Borghorst wird mit Mischgülle von Schweinen und Rindern sowie nachwachsenden Rohstoffen in Form von Maissilage betrieben. Die Anlage funktioniert nach dem in Abschnitt 1.2 beschriebenen Schema. Der Fermenter fasst ein Volumen von 2.560 m^3 Gärsubstrat. 24-mal am Tag werden ca. 800 kg Feststoff (Mais, Corn-Cob-Mix (CCM) und Roggensilage) und etwa 800 kg Gülle in den Fermenter eingespeist. Als BHKW ist ein Gasottomotor der Firma GE (General Electrics) Jenbacher eingebaut. Die Typenbezeichnung lautet: BHKW JMS 312 GS-B.L. Die elektrische Leistung der Anlage beträgt ca. 526 kW und die thermische ca. 557 kW.

Abb. 2.3-1: GE Jenbacher Gasottomotor BHKW [7]

Dieser Motor läuft ca. 85-90 % im Volllastbereich. Dies entspricht ca. 4 Mio. kWh Strom und 4,2 Mio. kWh thermische Energie im Jahr. In naher Zukunft ist geplant, eine Fernwärmeleitung zu dem ca.1 km entfernten „Marienhospital" in Borghorst zu verlegen. Somit könnten Jährlich ca. 2,9 Mio. kWh Wärmeenergie als Grundlast für das Krankenhaus abgenommen werden. Das Krankenhaus würde diese Wärme ganzjährig für die Warmwasserbereitung und für Heizzwecke verwenden. [8]

2.3.2 Wärmeauskopplung am BHKW

Der Gasottomotor arbeitet folgendermaßen: Zunächst wird das Biogas mit Luft in einem Mischer vorgemischt. Dieses geschieht mit einer elektronisch geregelten Gemischaufbereitung, die nach dem von GE Jenbacher entwickeltem LEANOX-Mager-Gemisch-Verbrennungsverfahren geregelt wird. Das so genannte Mager-Gemisch wird anschließend mit einem Abgasturbolader aufgeladen.

Ein Abgasturbolader nutzt das noch nicht ganz entspannte Abgas aus der Verbrennung, um eine Turbine anzutreiben und damit einen Verdichter zum Laufen zu bringen. Dieser Verdichter lädt (verdichtet) sozusagen das Gas-Luftgemisch auf, d.h., er setzt es unter Druck. Dadurch wird ein größerer Brennstoffdurchsatz pro Zeiteinheit möglich und der Motor wird leistungsstärker. (Durch die Turbine und der Aufladung kommt es zu dem Begriff „Turbolader").

Bei der Aufladung (Verdichtung) durch den Turbolader entsteht jedoch eine hohe Temperatur. Bevor das Gas-Luftgemisch in den Zylinder zur Verbrennung gelangt, wird es deshalb in zwei Stufen abgekühlt, um die Dichte (das Verhältnis vom Brennstoff-Luftgemisch zum Volumen) zu erhöhen. Da kältere Luft weniger Volumen einnimmt als heiße, wird der Füllungsgrad im Verbrennungszylinder erhöht. Durch die zusätzliche Menge an Gas-Luftgemisch kann im gleichen Brennraum (gleiches Volumen) mehr Brennstoff umgesetzt werden, was wiederum eine höhere Energiemenge bedeutet.

Die Abkühlung des Gas-Luftgemisches findet in der 1. Stufe zunächst über das normale Motorkühlwasser mit einem Rippenrohrwärmetauscher statt. Das Temperaturniveau des Kühlwassers sollte bei mindestens 55 °C bis maximal 80 °C liegen.

In der 2. Stufe wird das gleiche Gas-Luftgemisch über einen mit noch kälterem Kühlwasser geführten Rippenrohrwärmetauscher in einem zusätzlichen Kreislauf abgekühlt. Das Kühlwasser aus der 2. Stufe bleibt aufgrund der niedrigen Temperatur bei der Wärmeauskopplung oft ungenutzt. Das Temperaturniveau liegt bei ca. 50 °C. Allerdings kann diese Wärmeenergie bei der Fermenterbeheizung, die eine Vorlauftemperatur von 50 °C und eine Rücklauftemperatur von ca. 40 °C aufweist, zur Rücklauftemperaturanhebung dienen. Neuerdings wird auf diese Art bei den Anlagen der Firma EnviTec die Energie aus der 2. Stufe vollständig genutzt.

Nachdem das Magergemisch aufgeladen und abgekühlt wurde, gelangt es zum Zylinder, wo es mit einer Hochleistungszündung im Viertaktbetrieb verbrannt wird. Der gesamte Motorblock ist von einem Wassermantel umgeben, damit dieser gekühlt werden kann. An dieser Stelle findet die Wärmeauskopplung des Motorblock-Kühlwassers über einen Plattenwärmetauscher statt. Die Temperatur des Motorblockkühlwassers muss unter 95 °C liegen, ansonsten schaltet der Motor wegen Überhitzung ab.

Alle beweglichen Teile werden durch gefiltertes Drucköl von der zentralen Schmierölzahnradpumpe versorgt. Die Kühlung des Schmieröls erfolgt über einen Ölwärmetauscher. Die Wärmeauskopplung findet über einen Röhrenwärmetauscher statt. Die Schmieröltemperatur muss zwischen 70 °C und 90 °C liegen, sonst schaltet der Motor ebenfalls ab.

Die größte Abwärmleistung kann aus dem Abgas gewonnen werden. Hier wird die Wärme über einen Röhrenwärmetauscher ausgekoppelt. Das Abgas kann von den vorhandenen ca. 451 °C bis auf minimal 180 °C abgekühlt werden. Diese Temperatur ist von GE Jenbacher vorgegeben um sicherzustellen, dass das Abgas den Säuretaupunkt, der bei ca. 130 °C liegt, nicht erreicht. Ansonsten besteht die Gefahr, dass schwefelige Säure entsteht und das BHKW Schaden durch Korrosion nehmen könnte. Bei Biogas ist die Schwefelbildung ohnehin eine Gefahr, deshalb muss das Gas auch grundsätzlich entschwefelt werden.

Eine Kühlung des Gemisches, des Motorblocks und des Motorschmieröles ist unbedingt erforderlich. Im Gegensatz dazu ist die Abgaswärmeauskopplung eine zusätzliche Option, um mehr thermische Energie zu gewinnen. Wenn kein Bedarf an der Abgaswärme besteht, wird kein Abgaswärmetauscher eingebaut, und die Wärme geht direkt ins Freie. Andererseits ist es bei der Wärmeauskopplung nötig, dass sie entweder genutzt, oder bei Nichtgebrauch rückgekühlt wird.

Eine andere Möglichkeit ist, eine Abgasweiche einzubauen, durch die das Abgas umgeleitet wird, damit es bei Nichtgebrauch nicht durch den Wärmetauscher strömt und somit nicht zurückgekühlt werden muss. Dadurch kann die elektrische Ventilatorleistung des Rückkühlers für die Abgaswärme eingespart werden.

Nachdem die Wärme an den verschiedenen Stellen mit den verschiedenen Wärmetauschern ausgekoppelt ist, wird sie in einem gemeinsamen Kühlkreislauf gesammelt. Das Wärmeträgermedium für diesen Kühlkreislauf ist ein besonders entsalztes und mit Frostschutz versehenes Wasser. Die Wärmeübertragung vom BHKW zum Heizungsverteiler findet dann über einen großen Plattenwärmetauscher statt. In den Heizkreisen zum Verbraucher ist kein besonderes Wärmeträgermedium notwendig, es kann normales Wasser benutzt werden. [8, 9, 10]

2.3.3 Prozesswärmebedarf

Der Biogasprozess ist ein endothermer Prozess. Er benötigt, wie bereits erwähnt, zur Aufheizung des Fermenters einen gewissen Anteil an Wärmeenergie. Die Wärmeenergie wird dem Fermenter mit Heizungsrohren, die im Fermenter installiert sind, zugeführt. Zum einen muss das Gärsubstrat auf die Temperatur zwischen 35 °C und 40 °C aufgeheizt werden. Da mehrmals täglich neues Substrat in den Fermenter eingespeist und altes entnommen wird, ist eine ständige Aufheizung des Substrats notwendig. Hinzu kommt der Wärmeverlust durch den Fermenter, Transmissionsverlust genannt. Der Transmissionsverlust ergibt sich aus den Hüllflächen bzw. den Bauteilverlusten des Fermenters. Daher ist es wichtig, dass der Fermenter gut wärmegedämmt wird, um die Transmissionsverluste möglichst gering zu halten. Der Wärmebedarf hängt auch stark von den Außentemperaturen ab. So wird im Sommer weniger Energie benötigt als im Winter. Allgemein kann man sagen, dass der Prozesswärmebedarf ca. 20-25 % der erzeugten Wärmeenergie einnimmt und diese nicht zur alternativen Wärmenutzung zur Verfügung steht. Um den gesamten Wärmeenergieverbrauch für den Prozess zu berechnen, wäre eine genaue Wärmebedarfsberechnung erforderlich. Da diese Berechnung nicht den Schwerpunkt dieser Untersuchung darstellt, werden diese Werte von der Firma EnviTec zur Verfügung gestellt.

Jahresprozesswärmebedarf:	1.300.000,00 kWh pro Jahr
Durchschnittlicher Prozesswärmebedarf ($Q_{\varnothing\ Prozess}$):	148,00 kW
Prozesswärmebedarf im Winter ($Q_{Prozess\ Winter}$):	185,00 kW

Tab. 2.3-1 : Prozesswärmebedarf für den Fermenter

2.3.4 Abwärmepotential (Temperatur und Wärmemenge)

Im Folgenden wird der Warmwasserkreislauf des BHKW schematisch dargestellt. Es soll verdeutlicht werden an welchen Stellen die Wärme ausgekoppelt und welche Energiemenge in welchem Temperaturniveau zur Verfügung steht.

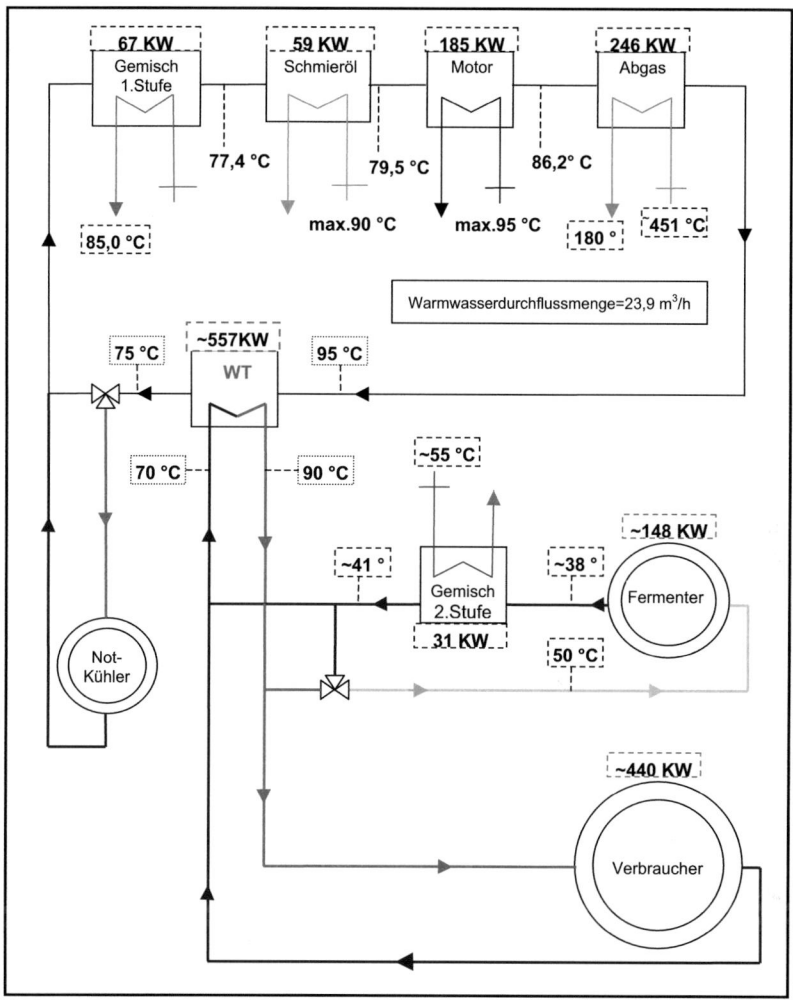

Abb. 2.3-2: Warmwasserkreislauf [8]

Nach den gegebenen Werten des Herstellers steht die ausgekoppelte Wärme des BHKWs mit 557 kW und die ausgekoppelte Wärme aus dem zweiten Kühlkreis vom Gemisch der 2. Stufe, die in den Rücklauf des Prozesswärmerücklaufes eingebracht wird, mit 31 kW zur Verfügung. Das ergibt eine Gesamtwärmemenge von 588 kW vom BHKW. Abzüglich des Prozesswärmebedarfs von ~148 kW zur Beheizung des Fermenters stehen noch ~440 kW nutzbare Abwärme zur Verfügung. Im Winter, wenn der Prozesswärmebedarf auf ~185 kW steigt, bleiben jedoch nur noch ~430 kW nutzbare

Wärmeenergie übrig. Zur Auslegung für Anlagen, die ganzjährig im Volllastbereich fahren sollen, ist dieser Wert anzunehmen. Die bisher angenommenen Werte sind allerdings theoretisch. In der Praxis läuft das BHKW nicht ständig im Volllastbereich und auch die Leitungs- und Übertragungsverluste müssen mit einbezogen werden. Durch die nicht völlig konstante Gasproduktion im Fermenter und aufgrund eventuell anfallender Wartungsarbeiten an der Biogasanlage, kann der Volllastbereich nicht erbracht werden. Die von der Firma EnviTec gebauten Anlagen fahren jedoch mit einer Jahresauslastung von 85 % - 90 %. Wenn eine Jahresauslastung von 85 % angenommen wird, bleibt im Jahresdurchschnitt eine Energiemenge von ~352 kW und in den Wintermonaten ~315 kW übrig.

Das Temperaturniveau liegt bei Standardauslegung bei einer Vorlauftemperatur von 90 °C und einer Rücklauftemperatur von 70 °C. Ist die Rücklauftemperatur höher, so muss der Rückkühler einschalten, damit der Gasottomotor die vorgeschriebene Kühleintrittstemperatur von 75 °C erhält. Die Temperaturverschiebung von 70 °C auf 75 °C (und 90 °C auf 95 °C) kommt durch den Wärmetauscher zustande.

Für die Dampfproduktion besteht die Möglichkeit, die Abgasabwärme getrennt von den anderen Abnahmestellen auszukoppeln. [8, 9, 10]

Abgastemperatur:	T_{Abgas}	= ~450 °C
Kühlwassertemperatur:	$T_{Kühlwasser}$	= 90/70 °C
Thermische Leistung des BHKW:	Q_{BHKW}	= 588 kW
Volllastbereich des BHKW:	η_{BHKW}	= 85%
Durchschnittliche Abwärmeleistung:	$Q_{\varnothing} = (Q_{BHKW} \cdot \eta) - Q_{\varnothing\,Prozess}$	= 352 kW
Abwärmeleistung im Winter:	$Q_{Winter} = (Q_{BHKW} \cdot \eta) - Q_{Prozess\,Winter}$	= 315 kW

Tab. 2.3-2 : Wärmeleistung und Temperaturniveau der Abwärme vom BHKW

3 Konzepte zur alternativen Nutzung der Abwärme

In diesem Kapitel werden denkbare Möglichkeiten der Abwärmenutzung vorgestellt. Die Funktion, das Potential und die Grenzen der verschiedenen Systeme werden nur kurz erklärt, da die Funktion der verschiedenen Systeme nicht den hauptsächlichen Inhalt dieser Untersuchung darstellt. Die verschiedenen Systeme wurden frei ausgewählt um dann in Kapitel 4 zu überprüfen, ob diese Anlagen mit der zur Verfügung stehenden Energie, die im letzten Kapitel ermittelt wurde, einsetzbar sind. Es ist nicht unbedingt ein positives Ergebnis bei allen Systemen zu erwarten. In Abbildung 3-1 werden die verschiedenen theoretischen Nutzungsmöglichkeiten der Abwärme dargestellt.

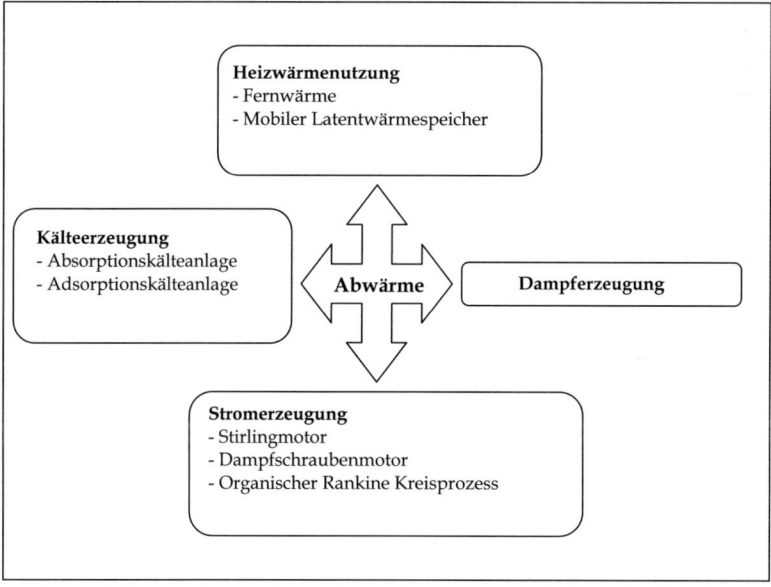

Abb.3-1: Theoretische Konzepte zur Abwärmenutzung

3.1 Mobiler Latentwärmespeicher

Ein Latentwärmespeicher dient zur Speicherung von thermischer Energie durch die Änderung des Aggregatzustandes eines Speichermediums. Das Wort „latent" bedeutet verborgen. Die Idee dieses Systems ist es, die thermische Energie in Containern zu speichern und dort hinzubringen, wo sie benötigt wird.

3.1.1 Funktion des mobilen Latentwärmespeichers

Ein mobiler Latentwärmespeicher speichert die entstandene Abwärme in einem Container. Der Container beinhaltet ein spezielles Salz oder Öl als Speichermedium. Diese Substanzen werden auch PCM (Phase Change Material) genannt.

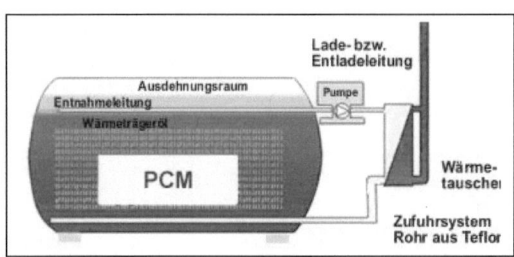

Abb. 3.1-1: Funktionsprinzip Latentwärmespeicher [11]

Beim Aufladen des Containers werden die Substanzen geschmolzen, dabei nehmen sie sehr viel Wärmeenergie (Schmelzwärme) auf. Es werden also die Phasenübergänge von fest zu flüssig oder von kristallin zu flüssig genutzt. So wird z.B. beim Schmelzen von Eis zu Wasser (Phasenübergang bei 0 °C) ungefähr soviel Schmelzwärme benötigt, wie beim Erwärmen derselben Menge Wasser von 0 °C auf 80 °C, deshalb spricht man auch von „versteckter Wärme".

Der Vorteil dieser Wärmespeichertechnik besteht darin, dass möglichst viel Wärmeenergie in möglichst wenig Masse gespeichert wird. Die Phasenübergänge anwendbarer Öle oder Salze

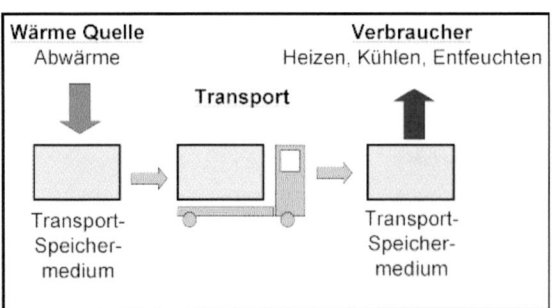

Abb. 3.1-2: Funktionsprinzip mobiler Latentwärmespeicher [12]

liegen in verschiedenen Schmelztemperaturbereichen, so dass diese Substanzen auf das vorhandene Temperaturniveau angepasst werden können. Beim Entladen des Containers durch den Verbraucher erstarrt die Substanz wieder und es wird die gleiche Menge an Wärmeenergie freigesetzt. Den Container transportiert ein LKW von der Abwärmequelle zum Verbraucher (siehe Abb. 3.1-2).

3.1.2 Möglichkeiten und Grenzen des mobilen Latentwärmespeichers

Der Latentwärmespeicher kommt in den letzten Jahren zunehmend in verschiedenen Bereichen zum Einsatz, z.B. in der Gastronomie in Warmhalteplatten, in der Baustoffindustrie als temperaturpuffernder Baustoff, bei Kraftfahrzeugen, um die überschüssige Abwärme beim Kaltstart abzugeben oder im Privathaushalt als Taschenwärmer. Latentwärmespeicher sind in nahezu allen Temperaturbereichen erhältlich.

Abb. 3.1-3: mobiler Latentwärmespeicher [11]

Der mobile Latentwärmespeicher hat den Vorteil, dass die Abwärme, die am Standort des Wärmeerzeugers nicht nutzbar ist, direkt dort hingebracht werden kann, wo sie benötigt wird. Die Wärmeenergie kann vom Verbraucher sowohl für Heizzwecke als auch im Zusammenhang mit einer Absorptions- oder einer Adsorptionskältemaschine zum Kühlen genutzt werden. Um die Wärmeenergie ständig nutzen zu können, wäre eine Grundwärmeabnahme, z.B. bei einem Schwimmbad, günstig. Außerdem muss ein Stellplatz am Verbraucher und Erzeugerstandort für den Container zur Verfügung stehen. Für den Transport der Container ist ein LKW und eine gute Logistik erforderlich, das stellt sich in vielen Fällen als Problem dar. Die Latentwärmespeicher sind mindestens 20 Jahre wartungsfrei nutzbar. Der Temperaturverlust eines Containers beträgt 1 °C pro Tag.

Im Industriepark Höchst in Frankfurt wurden 2001 eine Abwärmeabnahme und gleichzeitig eine Wärmeversorgung mit mobilen Latentwärmespeichern eingeführt. Mit der Abwärme, die im Industriebetrieb nicht weiter nutzbar ist, wird das Gebäude der Clariant Verwaltung im 15 km entfernten Sulzbach beheizt. Über diese Entfernung wäre die Verlegung einer Fernwärmeleitung unrentabel gewesen. Seit Juni 2001 wird auch das Catering Center der LSG Lufthansa Service GmbH am Flughafen Köln mit mobilen Latentwärmespeichern beheizt. [11, 12, 13]

3.2 Absorptionskälteanlagen

Absorptionskälteanlagen gehören zu den Kälteanlagen, die aus thermischer Energie Kälte erzeugen können. Zum Antrieb wird anstelle von mechanischer Energie, wie bei Kompressionsanlagen, Wärmeenergie benötigt. Als Absorption bezeichnet man eine Lösung von Gasen in Flüssigkeiten. Die Anlage durchläuft einen Kreisprozess.

3.2.1 Funktionsweise der Absorptionskälteanlagen

Die Absorptionskältemaschine besteht aus einem Kondensator, dem Verdampfer, einem Absorber und einem Austreiber. Sie wird mit einem Kältemittel (z.B. H_2O) und einem Absorptionsmittel (z.B. Lithium Bromid (LiBr)) betrieben. Abbildung 3.2-1 zeigt ein Prinzipschaltbild einer Absorptionskältemaschine.

Zunächst wird das Kältemittel (H_2O) im Verdampfer durch einen Wärmetauscher verdampft. Dadurch, dass im Verdampfer ein Vakuum herrscht, verdampft das Wasser bereits bei ca. 5 °C. Durch die Wärmeabgabe für die Verdampfung wird das Kaltwasser des Wärmetauschers abgekühlt und kann als Kältezufuhr für eine Klimaanlage genutzt werden. Der entstandene Wasserdampf gelangt als Nächstes in den Absorber.

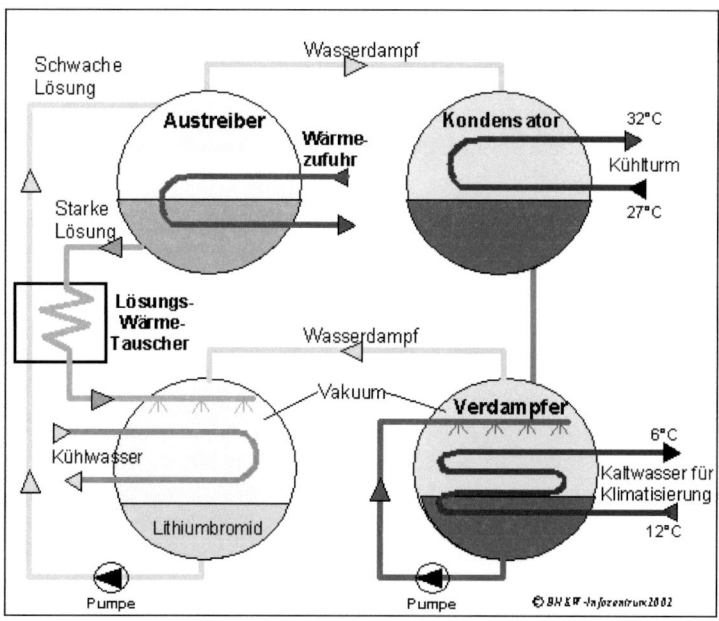

Abb. 3.2-1: Schema eines Absorptionskreislaufs [15]

Im Absorber wird der Wasserdampf, der den Verdampfer bei niedriger Temperatur und tiefem Druck verlassen hat, mit dem Absorptionsmittel (LiBr) absorbiert (gelöst). Dies geschieht dadurch, dass die Lithiumbromidlösung den Wasserdampf besprüht. Durch einen weiteren Wärmetauscher wird die Lösungswärme abgegeben, damit der Wasserdampf kondensiert. Anschließend wird die entstandene Lösung, auch „schwache Lösung" genannt, mit Hilfe einer Pumpe auf Druck gebracht und durch einen Lösungswärmetauscher vorgewärmt, bevor sie in den Austreiber gepumpt wird.

Eine Wärmezufuhr am Austreiber (z.b. vom BHKW) bewirkt, dass das Wasser aus der Lösung ausgetrieben (getrennt) wird. Die restliche Lösung auch, „starke Lösung", genannt fließt über den Lösungswärmetauscher zurück in den Absorber und bindet sich dort erneut mit dem Wasserdampf. Im Austreiber herrscht nun eine hohe Temperatur und ein hoher Druck. Die Temperatur- und Druckerhöhung übernimmt bei Kompressionskältemaschinen der Kompressor.

Vom Austreiber gelangt der erzeugte Wasserdampf unter hohem Druck in den Kondensator. Mittels eines Kühlturms wird hier der Wasserdampf kondensiert und abgekühlt. Das Wasser strömt als Nächstes durch ein Expansionsventil in den Verdampfer. Hinter dem Expansionsventil wird es entspannt (drucklos) und durch das Vakuum und den Wärmetauscher erneut verdampft. Der Kreislauf beginnt von vorn.

Zum Wärmeaustausch wird also wie bei Kompressionskälteanlagen die Abhängigkeit vom Siede- und Taupunkt eines Kältemittels unter Druck ausgenutzt.

Die Arbeitsstoffpaare sind für das zu verwendende Temperaturniveau verantwortlich. In der Kältetechnik haben nur das Gemisch Ammoniak-Wasser und das Gemisch Wasser-Lithiumbromid größere Bedeutung erlangt. So wird das Gemisch Ammoniak-Wasser vorzugsweise zur Kälteerzeugung verwendet, da die Verdampfungstemperatur theoretisch bis auf -70 °C abgesenkt werden kann. Das Gemisch Wasser-Lithiumbromid wird hauptsächlich in Klimaanlagen und zur Kühlung von Wasser verwendet, da der Einsatzbereich bei dem Gefrierpunkt von Wasser begrenzt ist. Ansonsten ist Lithiumbromid im Gegensatz zu Ammoniak ungiftig und kann sich nicht verflüchtigen.

3.2.2 Möglichkeiten und Grenzen für den Einsatz einer Absorptionskälteanlage

Absorptionskälteanlagen können überall dort, wo Wärme anfällt, Kälte erzeugen. Es kann auch mit der Wärme, die im Winter zum Heizen benötigt wird, im Sommer Kälte für die Klimatisierung erzeugt werden. Dadurch ist ein Betrieb mit einem BHKW besonders vorteilhaft, da ein BHKW, wenn möglich, ständig in Betrieb sein sollte. Die Nutzung von Kraft, Wärme und Kälte wird auch als Kraft-Wärme-Kälte-Kopplung (KWKK) bezeichnet.

Ferner kann durch eine Absorptionskälteanlage der Stromverbrauch, z.B. für die Gebäudeklimatisierung, reduziert werden. Bekannt ist die Absorptionskälteanlage auch durch stromunabhängige Kühlgeräte, wie bei Campingkühlschränken. Die Nutzungsdauer von Absorptionskälteanlagen beträgt meist 20 Jahre, hingegen die von Kompressionskälteanlagen nur 15 Jahre. Da die Absorptionskälteanlagen keine mechanisch bewegten Teile enthalten, sind sie fast wartungsfrei und zudem absolut geräuscharm. Außerdem sind Absorptionskälteanlagen umweltfreundlich, weil sie keine klimaschädlichen Kohlenwasserstoffe als Kältemittel enthalten. Als Nachteil erweist sich der erhöhte Platzbedarf gegenüber Kompressionskälteanlagen, jedoch werden sie durch den Einsatz von Plattenwärmetauschern etwas kompakter. [4, 14, 15, 16]

3.3 Adsorptionskälteanlagen

Adsorptionskälteanlagen können genauso wie Absorptionskälteanlagen aus Wärmeenergie Kälte erzeugen. Sie sind jedoch bei einem noch niedrigeren Temperaturniveau anwendbar. Anders als bei der Absorption wird das Sorbat (Absorptions- bzw. Adsorptionsmittel) nicht gelöst, sondern an der inneren Oberfläche abgelagert. In der Regel ist das Sorbat ein fester Stoff, dagegen das Kältemittel ein flüssiger/dampfförmiger Stoff. Die Anlage arbeitet diskontinuierlich, da das Kältemittel in einer Periode adsorbiert (am Sorbat aufgenommen wird) und in der anderen Periode desorbiert (vom Sorbat abgegeben wird).

3.3.1 Funktionsweise der Adsorptionskältemaschine

Eine Adsorptionskältemaschine besteht aus einem Verdampfer und einem Kondensator sowie aus zwei Arbeitsräumen, die wechselweise als Adsorber und Desorber fungieren. Diese Bauteile sind in einem Gehäuse in verschiedenen Kammern integriert (siehe Abb. 3.3-1).

Im Verdampfer (in Abb. 3.3-1 unten) kann durch Herstellen eines Vakuums Wasser bei ca. 5 °C verdampft werden. Durch die Verdampfung wird dem Kaltwasser des Wärmetauschers Wärmeenergie entzogen und dem Kältemittel (H_2O) zugeführt, so dass es verdampft. Das abgekühlte Kaltwasser kann nun zur Klimatisierung genutzt werden.

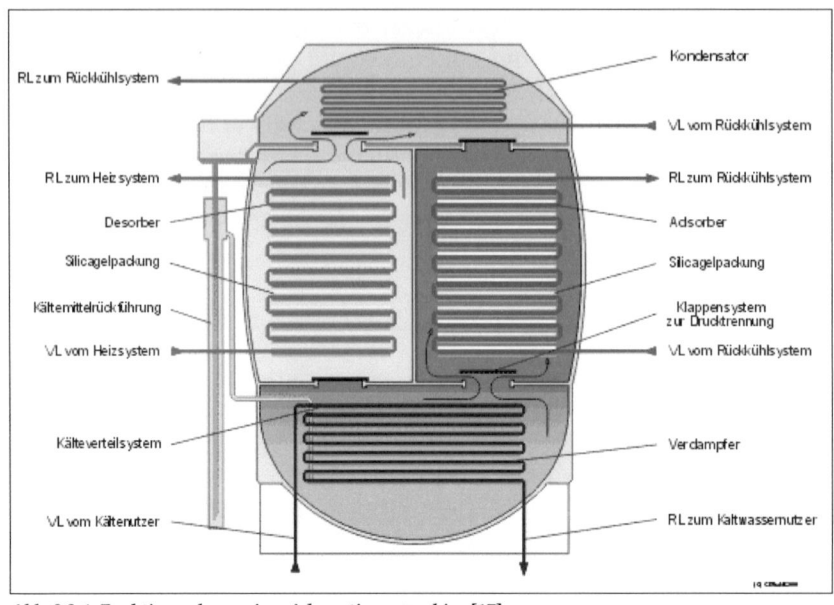

Abb. 3.3-1: Funktionsschema einer Adsorptionsmaschine [17]

Durch die Öffnung einer Klappe gelangt der Dampf in den Adsorber. Hier wird der Dampf durch das Sorbat (z.B. Silicagel) adsorbiert (aufgenommen). Durch zusätzliche Kühlung mittels des Rückkühlsystems wird das Sorbat gekühlt, damit der Wasserdampf daran kondensiert und sich somit in den inneren Hohlräumen des porösen Sorbats niederschlägt. Die Klappe zum Kondensator ist geschlossen, damit das Vakuum in Verdampfer und Adsorber erhalten bleibt. Wenn das Sorbat kein weiteres Kältemittel aufnehmen kann, schließt die Klappe zum Verdampfer und die Klappe zum Kondensator wird geöffnet.

Jetzt wandelt sich der Adsorber zum Desorber, in dem nun kein Unterdruck mehr herrscht und das Kältemittel vom Sorbat durch Wärmezufuhr desorbiert (getrennt) wird. Die Wärmezufuhr ist der eigentliche Antrieb des Systems, denn hierdurch wird das Sorbat getrocknet. Das Kältemittel im Sorbat verdunstet und strömt in Form von Wasserdampf in den Kondensator, dort wird der Kältemitteldampf mit einem Wärmetauscher vom Rückkühlsystem kondensiert und zurück zum Verdampfer geführt. Sobald das Sorbat getrocknet ist, schließt die Klappe zum Kondensator wieder und die Klappe zum Verdampfer wird wiederholt geöffnet. Damit beginnt der Vorgang von vorn. Da der Vorgang des Adsorbierens und

Desorbierens zeitversetzt abläuft, werden zwei Kammern im Wechsel betrieben, wie es auch in Abb. 3.3-1 deutlich wird. Diese werden durch eine Regelung synchron umgeschaltet.

3.3.2 Möglichkeiten und Grenzen für den Einsatz einer Adsorptionskälteanlage

Die Adsorptionskälteanlage findet die ähnlichen Einsatzgebiete wie die Absorptionskälteanlage. Als Vorteil erweist sich jedoch, dass sie bereits mit Heizwassertemperaturen von 50 °C -90 °C betrieben werden kann. Das bedeutet, dass sogar Fernwärme als Antrieb zum Einsatz kommen könnte. Die Kältemaschine arbeitet ebenfalls sehr leise und ist sehr wartungsarm. Das Sorbat ist umweltfreundlich und muss während der gesamten Lebensdauer der Maschine nicht gewechselt werden.

Abb. 3.3-2: Adsorptionskälteanlage im Uniklinikum Freiburg [16]

Als Nachteile sind die neue Technologie und der dadurch hohe Preis anzusehen. Außerdem steht die Adsorptionsanlage bisher ausschließlich für Klimatisierungskälte zur Verfügung, da als Kältemittel Wasser genutzt wird, das aufgrund des Erstarrungspunktes nicht unter 0 °C abgekühlt werden kann.

Im Universitäts-Klinikum Freiburg ist eine Adsorptionskälteanlage installiert (Abb. 3.3-2), die unter anderem mit Solarkollektoren betrieben wird. Die Anlage kühlt das Kaltwasser von 14 °C auf 10 °C ab und versorgt damit die Luftkühler für zwei Lüftungsanlagen. [16, 17, 18]

3.4 Dampferzeugung

Dampferzeuger benötigen thermische Energie zur Dampfproduktion. In der Technik spielt die Wasserdampferzeugung eine sehr große Rolle. Die meisten Stromkraftwerke werden mit einem Wasserdampfkreislauf betrieben. Dampf tritt in verschiedenen Qualitäten auf. Man unterscheidet zwischen Nassdampf, Sattdampf und überhitztem Dampf. Der Energiegehalt ergibt sich aus dem Druck und der Temperatur des Dampfes.

3.4.1 Funktion der Dampferzeugung

Bei der Dampferzeugung unterscheidet man zwischen dem offenen und dem geschlossenen System. Bei dem offenen System wird der Dampf verbraucht, z.B. in der Klimaanlage. Im geschlossenen System besteht ein Dampfkreislauf.

Zunächst wird Speisewasser in einem Boiler erhitzt. Der Boiler steht durch die Temperaturerhöhung und das abgeschlossene Volumen unter Druck. Das aufbereitete Wasser wird so stark erhitzt, dass es siedet und somit dampfförmig wird. Bei dem offenen System kann der Dampf z.B. für die Klimaanlage zur Befeuchtung von Zuluft oder für Sterilisationszwecke im

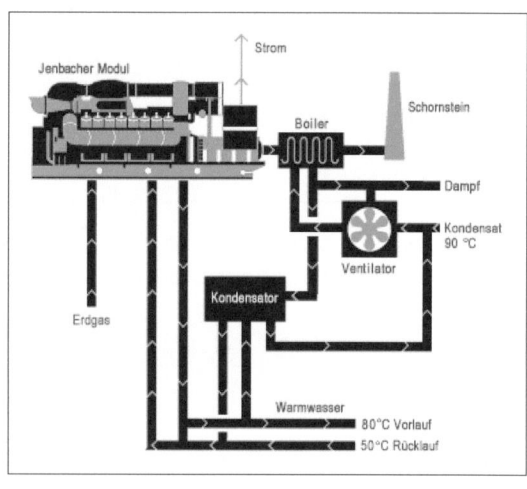

Abb. 3.4-1: Schema der Dampferzeugung [19]

Krankenhaus genutzt werden. Bei dem offenen System muss ständig neues Speisewasser für die Dampfproduktion zugeführt werden.

Das geschlossene System nutzt den Dampf z.B. zum Antrieb einer Turbine. Nachdem der Dampf im geschlossenen System genutzt wurde, ist er jedoch entspannt, das heißt er steht nicht mehr unter einem so starken Druck und einer so hohen Temperatur. Um ihn erneut auf Druck zu bringen, muss er jedoch erst auskondensieren, das geschieht im Kondensator durch Kühlung. Das Kondensat kann nun wieder als Speisewasser genutzt werden und deshalb wird es mit einer Speisewasserpumpe auf Druck gebracht und in den Boiler zurückgeführt, von wo es erneut verdampft wird.

3.4.2 Möglichkeiten und Grenzen für die Dampferzeugung

Am bekanntesten ist die Dampferzeugung sicherlich durch die Dampfmaschine, die die Industrielle Revolution auslöste. Heute werden die meisten Kraftwerke für die Stromproduktion ebenfalls mit Hilfe von Wasserdampf betrieben. Für den Antrieb einer Turbine ist jedoch eine sehr große Menge an überhitztem Dampf erforderlich.

Dampf wird aber auch in sehr vielen anderen Bereichen genutzt, wie z.B. im Krankenhaus. Hier wird der Dampf für die Sterilisation von Instrumenten benötigt. Bei diesen hohen Temperaturen werden sämtliche Keime und Mikroorganismen abgetötet. Des Weiteren kann der Dampf für die Wäscherei und die Küche eingesetzt werden. Bei der Lebensmittelindustrie ist Dampf nützlich, um Lebensmittel haltbar zu machen. Der Dampf kann auch in Laboratorien für die Hygienisierung eingesetzt werden. In Sägewerken wird Dampf für die Holzbehandlung eingesetzt. Auch dort werden sämtliche Schädlinge und Mikroorganismen aus dem Holz beseitigt. In der Industrie gibt es zahlreiche Prozesse die Dampf benötigen. Wenn eine Möglichkeit zur Dampfbelieferung in der Nähe einer Biogasanlage besteht, könnte der Dampf an den Verbraucher verkauft werden.

Der Nachteil der Dampferzeugung ist der sehr hohe Energiebedarf. Überhitzter Dampf zum Antrieb einer Dampfturbine erfordert sehr hohe Temperaturen. Zum Erzeugen dieser enormen Mengen an Wasserdampf dienen in erster Linie fossile Energieträger. [19]

3.5 Stirling-Motor

Der Stirling-Motor wurde 1816 von dem Schotten Robert Stirling erfunden. Stirling wollte mit seinem Motor eine Alternative zu den damals aufkommenden Hochdruckdampfmaschinen schaffen, die zahlreiche Todesopfer durch Kesselexplosionen forderten. Am

Anfang des 20. Jahrhunderts war der Stirling-Motor hauptsächlich für Wasserpumpen oder als Antrieb für Kleingeräte im Einsatz. Als sich Otto-, Diesel- und Elektromotoren immer weiter verbreiteten, wurden die Stirling-Motoren zunehmend vom Markt verdrängt. Der Stirling-Motor wird auch Heißluftmotor genannt, da er Wärme in Form von heißer Luft in mechanische Energie umwandelt. Es ist also kein direkter Verbrennungsmotor. Die mechanische Energie kann mit einem Generator in hochwertige elektrische Energie umgewandelt werden.

3.5.1 Funktionsweise des Stirlingmotors

Der Stirling-Motor funktioniert, indem ein Arbeitsgas (meist Helium) in einem periodischen Ablauf durch Kälte komprimiert und durch Wärmezufuhr expandiert wird.

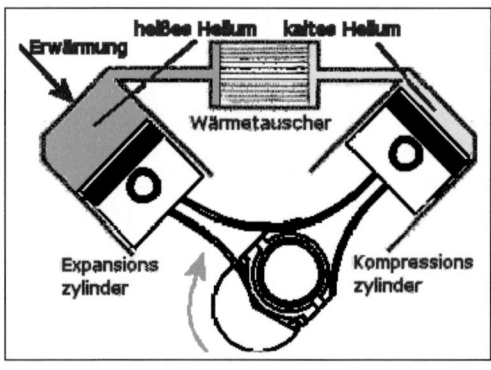

Abb. 3.5-1: Stirling-Motor [20]

Das bedeutet, dass eine Wärmezufuhr das eingeschlossene Arbeitsgas bei gleich bleibendem Volumen erhitzt und damit unter Druck setzt (Expansion) und ein Kühlkreislauf diesem Arbeitsgas den Druck durch Kühlung wieder nimmt (Kompression). Allgemeine Gasgleichung: „Eine Temperaturänderung verursacht im gleich bleibenden Volumen eine Druckänderung." So entsteht ein Kreisprozess.

Der Stirling-Kreisprozess kann folgendermaßen beschrieben werden (siehe Abb. 3.5-1): Zwei miteinander verbundene Zylinder enthalten in ihrem Brennraum ein gemeinsames Arbeitsgas. Durch die Erwärmung am Expansionszylinder dehnt sich das eingeschlossene Arbeitsgas aus. Damit wird der Druck erhöht und der Expansionskolben nach unten gedrückt. Der Kompressionskolben wird dabei gleichzeitig nach oben bewegt, weil beide Kolben, im Winkel von 90°, an einem Rad befestigt sind. Durch die Trägheit dreht sich das Rad weiter und der Kompressionszylinder bewegt sich nach unten. Demzufolge strömt das Arbeitsgas aus dem Expansionszylinder in den Kompressionszylinder.

Das Volumen bleibt dabei gleich (isochor), doch die Temperatur im Kompressionskolben sinkt, weil das Arbeitsgas die Wärme an den Wärmetauscher abgibt. Der Druck fällt, demzufolge drückt der Kompressionskolben nach oben und der Expansionskolben indessen nach unten. Dadurch wird das abgekühlte Gas in den Expansionskolben gedrückt und erneut erwärmt. Der gesamte Prozess beginnt von vorn. Diese mechanische Energie kann dann weiter verwendet werden oder über einen Generator in elektrische Energie umgewandelt werden. Notwendig für den gesamten Prozess ist also eine Wärmezufuhr für die Expansion und ein Kühlkreislauf für die Kompression.

3.5.2 Möglichkeiten und Grenzen des Einsatzes vom Stirling-Motor

Der große Vorteil von Stirling-Motoren ist, dass jede Wärmequelle für die Wärmezufuhr benutzt werden kann, da keine Verbrennung direkt im Zylinder stattfindet, sondern nur das Arbeitsgas von außen erwärmt werden muss. Durch die Wärmezufuhr von außerhalb können bei einer Verbrennung bessere Abgaswerte erreicht werden, im Vergleich zu Motoren mit innerer Verbrennung. Außerdem können Stoffe zur Verbrennung dienen, die in Ottomotoren unmöglich verbrannt werden könnten.

Es gibt bereits Motoren die durch die Sonnenenergie, über eine Sonnenstrahlenbündelung mithilfe eines Parabolspiegels, betrieben werden (siehe Abb. 3.5-2). Diese Motoren können in sonnenreichen Gegenden einen Beitrag zur Stromversorgung liefern. In Abb. 3.5-3 ist ein Stirling-Motor im Abgaskanal eines Biomasse-Kessels eingebaut. Hier werden Holzspäne, Holzpellets oder Hackschnitzel verbrannt. In dieser Weise wäre auch ein Betrieb am BHKW der Beispielanlage denkbar. Das würde bedeuten, die Abgaswärme zum Betreiben des Motors zu nutzen. Weitere Vorteile des Stirling-Motors sind Geräuscharmut und Langlebigkeit. Der Wirkungsgrad eines Stirling-Motors hängt in der Regel vom Temperaturniveau ab.

Abb. 3.5-2: Solar Stirling-Motor [21]   Abb. 3.5-3: Solo Stirling-Motor [21]

Als Nachteil ist die schwierige Leistungsregelung zu sehen, da die zugeführte Temperatur am Arbeitsgas nur langsam gesenkt werden kann. Dadurch ist ein Einsatz, z.B. im Kfz, schwierig. Für ständig laufenden Betrieb, wie in unserem Fall, stellt das kein Problem dar.

Der Stirling-Motor wird immer wieder als Motor der Zukunft bezeichnet, allerdings hat er sich bisher noch nicht durchgesetzt. [20, 21, 22, 23]

3.6 Dampfschraubenmotoranlage

Der Dampfschraubenmotor-Prozess entspricht dem herkömmlichen Prinzip des Wasserdampf-Prozesses. Der einzige Unterschied besteht darin, dass der Dampf, anstatt in einer Turbine, in einem Schraubenmotor entspannt wird. Der Schraubenmotor gehört zu der Gruppe der mehrwelligen Rotationsverdrängermaschinen und stellt eine Umkehrung des Schraubenkompressors dar, der in vielen Industriezweigen seit Jahrzehnten verwendet wird. Der Vorteil ist, dass durch seine Robustheit keine so hohe Dampfqualität erforderlich ist, wie bei herkömmlichen Dampfturbinen. Das Ziel ist, durch diese Anlage mit dem Schraubenmotor Strom zu erzeugen.

3.6.1 Funktionsweise einer Dampfschraubenmotoranlage

Durch Wärmeenergie wird im Dampferzeuger über einen Wärmetauscher aus aufbereitetem Speisewasser Dampf erzeugt. Dieser erzeugte Dampf wird anschließend mit dem Dampfschraubenmotor expandiert (entspannt). Nachdem der Dampf die Expansionsmaschine verlässt, muss er über Wärmeverbraucher oder über einen Rückkühler abgekühlt werden, damit er vollständig auskondensiert. Durch die Kondensation bleibt Speisewasser übrig, das nun mit einer Speisewasserpumpe auf den benötigten Dampfdruck gebracht wird. Der Dampferzeuger erhitzt den Dampf erneut und setzt ihn unter Druck. So beginnt der Kreislauf von vorn (siehe Abb. 3.6-1).

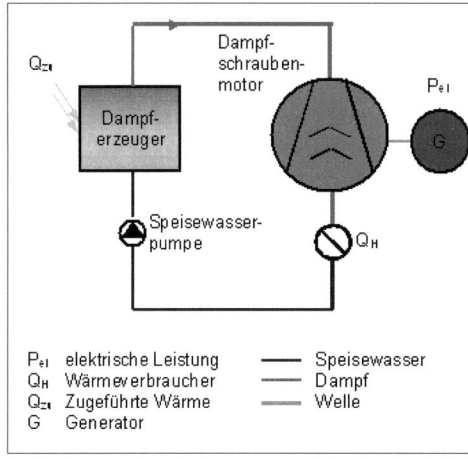

Abb. 3.6-1: Dampfschraubenmotor Prozess [24]

Das besondere Bauteil an diesem herkömmlichen Dampfprozess ist der Dampfschraubenmotor. Dieser ist im Gegensatz zu einer Dampfturbine sehr robust und kann auch mit Sattdampf und Nassdampf anstatt ausschließlich mit überhitztem Dampf betrieben werden. Der Dampfschraubenmotor besteht aus zwei schraubenförmigen Rotoren, die ineinander eingreifen (siehe Abb. 3.6-2).

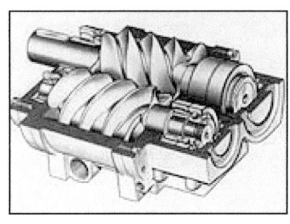

Abb. 3.6-2: Dampfschraubenmotor-Schnitt

Zuerst strömt der Dampf in den Arbeitsraum. Durch den Dampfdruck setzen sich die beiden Rotoren in Bewegung. Mittels dieser fortschreitenden Bewegung der Rotoren wird der Arbeitsraum (das Volumen) kontinuierlich verkleinert. Demzufolge wird der Druck erhöht. Der Dampf gibt Energie an den Rotor ab, um ihm zu entweichen, bis er am Auslass ankommt und endgültig entspannt wird. An der Einlassöffnung strömt ständig neuer Dampf ein. Das Volumen des Arbeitsraums zwischen den beiden Rotoren ändert sich bei der Drehung immer wieder im Wechsel. Mittels dieses Verdrängungsvorgangs werden die beiden Rotoren angetrieben. Diese mechanische Arbeit kann dann im Generator in Strom umgewandelt werden.

3.6.2 Möglichkeiten und Grenzen einer Dampfschraubenmotoranlage

Damit der Dampfschraubenmotor funktioniert ist eine Dampfzufuhr erforderlich. Es ist allerdings kein überhitzter Dampf für diesen Prozess erforderlich so das auch etwas niedrigere Temperaturen als die bei der Dampfherstellung für eine Dampfturbine nötig sind ausreichen.

Seit einigen Jahren werden Dampfschraubenmotoren bei Biomasse-Kraftwerken eingesetzt, damit zusätzlich zur thermischen Energie auch noch elektrische Energie produziert werden kann. In der Universität Dortmund ist 1998 eine Dampfschraubenmotoranlage als Demonstrationsanlage im Blockheizkraftwerk in Betrieb genommen worden. Hier werden die Abgase aus drei Gasmotoren für die Kesselfeuerung zur Dampferzeugung benutzt.

Abb. 3.6-3: *Dampfschraubenmotor [25]*

Demzufolge wird ein Teil der Abgaswärme in elektrische Energie umgewandelt, bevor die Restwärme ins Fernwärmenetz geht. Weitere Vorteile von Schraubenmotoranlagen sind neben der Robustheit, die Verschleißfreiheit, sehr gutes Teillastverhalten und geringe Instandhaltungskosten: Darüber hinaus geringer personeller Aufwand durch den vollautomatischen Betrieb.

Von Nachteil ist, dass die Schraubenmotoren noch nicht sehr erprobt sind und der elektrische Wirkungsgrad nicht besonders hoch ist. [23, 24, 25, 26]

3.7 Organischer Rankine Kreisprozess (ORC)

Der organische Kreisprozess wird in der Regel ORC-Prozess genannt. ORC ist eine Abkürzung für das englische „Organic Rankine Cycles", das bedeutet übersetzt „Organischer Rankine Kreisprozess". Der Name des Verfahrens geht auf William John Macquorn Rankine zurück, einem schottisch-britischen Physiker und Ingenieur, der Mitte des 18. Jahrhunderts lebte. Es ist ein spezielles Verfahren, das eine Dampfturbine mit einer organischen Substanz, also nicht mit Wasserdampf betreibt. Außer der organischen Substanz als Arbeitsmedium unterscheidet sich der Prozess nur unwesentlich vom normalen Wasserdampfprozess. Das Verfahren kommt vor allem dann zum Einsatz, wenn die zur Verfügung stehende Temperatur zu niedrig für den Betrieb einer von Wasserdampf angetriebenen Turbine ist. Eine ORC-Anlage dient zur Stromerzeugung.

3.7.1 Funktionsweise des Organischen Rankine Kreisprozesses (ORC)

In Abb. 3.7-1 ist der prinzipielle Aufbau einer ORC-Anlage zur Abwärmenutzung dargestellt. Als Arbeitsstoffe bei ORC-Anlagen werden organische Flüssigkeiten mit einer niedrigen Verdampfungstemperatur verwendet.

Der Arbeitsstoff wird in einem Wärmetauscher verdampft. Anschließend wird der Arbeitsstoff in einer Expansionsmaschine entspannt.

Die Expansionsmaschine ist das wichtigste Bauteil von Rankine Kreisläufen. Es werden je nach Bauart Schrauben-, Kolben- und Turboexpansionsmaschinen (Turbinen) verwendet. Die erzeugte mechanische Energie wird durch einen Generator in elektrische Energie umgewandelt.

Nachdem der Arbeitsstoff die Expansionsmaschine verlässt, befindet er sich oft noch im überhitzten Bereich. Zur Verbesserung des Prozesswirkungsgrades kann deshalb der überhitzte Dampf mit Hilfe eines Rekuperators (Rohrbündelwärmetauscher) auf einen Punkt nahe des Sättigungszustands abgekühlt werden, wodurch gleichzeitig eine Vorwärmung des Kondensats erzielt wird.

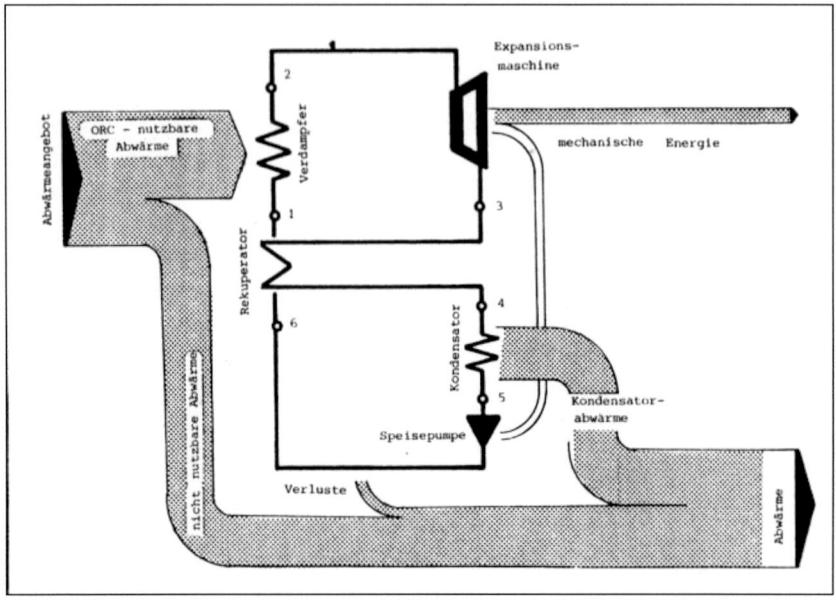

Abb. 3.7-1:   ORC – Prinzip mit Energiefluss [27]

Nach dem Rekuperator erfolgt die Kondensation des Arbeitsstoffes durch den Kondensator (Verflüssiger). Für den Kondensator wird Luft oder Wasser als Kühlmittel verwendet.

Mit Hilfe einer Speisepumpe (Druckerhöhungspumpe) wird das nun flüssige Arbeitsmittel wieder auf den erforderlichen Verdampfungsdruck gebracht. Dann durchströmt es den Rekuperator und nimmt dabei die nach der Expansionsmaschine entstandene Wärmemenge auf und gelangt wieder in den Verdampfer.

3.7.2 Möglichkeiten und Grenzen des Organischen Rankine Kreisprozesses

Ähnlich wie beim Stirlingmotor kann auch beim ORC-Prozess jede Abwärmequelle für die Wärmezufuhr dienen. Deshalb werden ORC-Anlagen bereits in Kombination mit Biomassekesseln betrieben. Bisher wurden diese Kessel ausschließlich zur Wärmeerzeugung genutzt, nun kann mit der entstehenden Abwärme außerdem elektrische Energie erzeugt werden. Ein weiterer Vorteil ist, dass das Temperaturniveau beim ORC-Prozess vom Arbeitsstoff abhängig ist. So kann der Arbeitsstoff speziell auf die verfügbare Temperatur abgestimmt werden. In der Industrie finden sich außerdem sehr viele andere ungenutzte Abwärmequellen, wo der ORC-Prozess zum Einsatz kommen könnte.

Abb. 3.7-2: ORC-Anlage [23]

In der letzten Zeit wird der ORC-Prozess besonders durch den Einsatz bei geothermischen Anlagen bekannt. Bei Geothermischen Anlagen wird die Erdwärme genutzt. Da in unseren Breitengeraden die aus Geothermie gewonnene Wärme eine Temperatur von unter 100°C aufweist, ist der ORC-Prozess bestens geeignet. Im ersten Geothermischen Kraftwerk Deutschlands in Neustadt-Glewe wird ebenfalls eine ORC-Turbine zur Stromerzeugung verwendet.

Ansonsten zeichnet den ORC-Prozess das gute Teillastverhalten und die geringen Instandhaltungskosten aus. Außerdem ist nicht wie bei einem normalem Dampfprozess ein Dampfkesselwärter nötig, da der Prozess nicht der Dampfkesselverordnung unterliegt und ohne Gefahr vollautomatisch funktioniert. Besonders hervorzuheben ist die Technologiereife des ORC-Prozesses. Er ist Stand der Technik und bereits mehrfach industriell erprobt. Als Nachteil erweist sich der noch immer relativ hohe Investitionsaufwand für eine solche Anlage. [23, 27]

4 Machbarkeit der Konzepte in Bezug auf die Beispielanlage

Im folgenden Kapitel sollen die verschiedenen theoretischen Möglichkeiten zur Abwärmenutzung auf Machbarkeit an der Beispielanlage untersucht werden. Die Daten der Hersteller werden mit den vorhandenen Daten zur Nutzung der Abwärme verglichen.

4.1 Mobiler Latentwärmespeicher

Ein bereits vorhandenes Latentwärmespeichersystem bietet die Firma EURECA (Europäische Energie Contracting AG) mit ihrem Trans-Heat-System an. Nach telefonischem Kontakt mit diesem Unternehmen wurde in Erfahrung gebracht, dass die Daten aus dem Internet und anderen Internetquellen nicht korrekt seien. Das angegebene Speichermedium wurde durch ein anderes ersetzt und die anderen Daten seien auch nicht verlässlich. Grund für die falschen Angaben ist die Konkurrenz am asiatischen Markt, die dieses Patent nachbauen möchte. Dennoch soll dieses System im Folgenden auf die Anwendbarkeit mit den zur Verfügung stehenden technischen Daten überprüft und eine Auslegung der Wärmeversorgung berechnet werden.

- 23 Tonnen Natriumacetathydrid oder Bariumhydroxid als Speichermedium (Schmelzpunkt von 58 °C bzw. 78 °C)
- Laden/Entladen über einen Ölkreislauf
- Speicherkapazität: ca. 3,5 MWh
- Nutzbare Temperatur: ca. 56 °C - 180 °C
- Ladeleistung: ca. 1 MW/h
- Entladeleistung: ca. 0,5 MW/h
- Bereitschaftsverlust: ca. 0,0105 kW/(K·h)

Tab. 4.1-1: Technische Daten des Trans-Heat-Systems: [28]

Die Vorlaufheiztemperatur am Verbraucher sollte beim Entladen des Speichercontainers unter der Schmelztemperatur des Speichermediums liegen. Wenn sie über der Schmelztemperatur liegt, kann die Wärme aus dem Container nicht vollständig verbraucht werden. Also sollte die Vorlauftemperatur des Natriumacetathydrid unter 58 °C liegen und die Vorlauftemperatur des Bariumhydroxid unter 78 °C. Dann wird das Speichermedium bei der Entladung wieder fest (siehe Abb. 4.1-1).

Gleicherweise ist für die Aufladung des Containers an der Wärmequelle eine Temperatur über der Schmelztemperatur erforderlich, um den Container vollständig aufladen zu können. In Abbildung 4.1-1 wird der Verlauf des Wärmeinhalts während eines Aufheizvorgangs mit der maximalen Leistung von 1 MW dargestellt. Daraus wird auch noch einmal ersichtlich, wie wichtig das Über- bzw. Unterschreiten der Schmelztemperatur ist, da sich in diesem Bereich der größte Wärmeinhalt befindet.

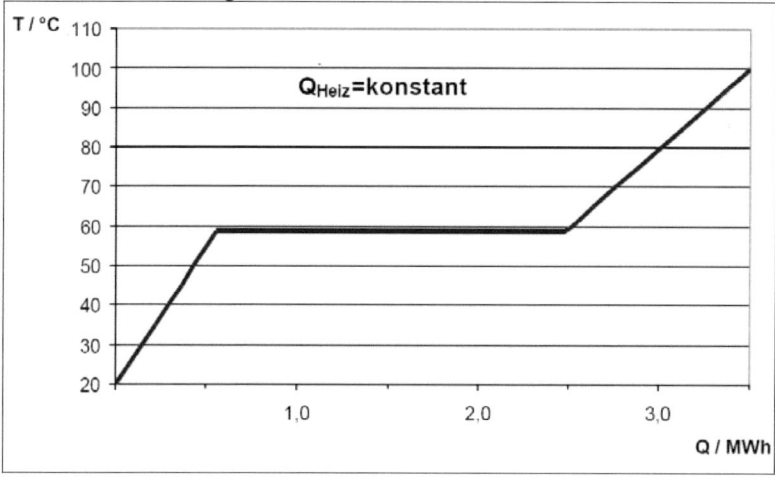

Abb. 4.1-1: Verlauf des Wärmeinhalts des Trans-Heat-Systems mit Natriumacetathydrid [28]

Bei dem BHKW aus der Beispielanlage steht eine Vorlauftemperatur von ca. 90 °C zur Verfügung. Dadurch ist das Trans-Heat-System für die Abwärme des BHKW aus der Beispielanlage als Wärmequelle anwendbar. Eine Bedingung für den Einsatz ist ein Verbraucher der die Wärme ganzjährig und vollständig abnimmt. Am besten würde sich z.B. ein Freizeitbad oder ein Krankenhaus eignen, das ganzjährig die Wärme als Grundlast abnimmt. In den folgenden Berechnungen wird eine volle Wärmeabnahme angenommen. [11, 28, 29]

Anwendungsbeispiel

Als Beispiel soll ein Freizeitbad ganzjährig mit Wärme versorgt werden. Das Trans-Heat-System soll für die Grundlast eingesetzt werden. Das heißt, die gesamte Wärme wird ganzjährig abgenommen. Für die Spitzenlasten wird zusätzlich ein Heizkessel betrieben, der im Notfall auch die komplette Heizenergie bereitstellen kann. Die Container sind mit Natriumacetathydrid gefüllt.

Für die Berechnung muss zunächst die Auslegung der Wärmeversorgung berechnet werden. Aus Tabelle 2.3-2 wurde eine durchschnittliche Wärmeleistung des BHKWs von 352 kW ermittelt. Das ergibt eine Wärmemenge von 3.083.520 kWh im Jahr (352 kW · 24 h · 365 d/a). Durch die Bereitschaftsverluste eines geladenen Containers von 0,0105 kW/(K·h), bei einer durchschnittlichen Außentemperatur von 10 °C und einer Speichertemperatur von 90 °C ergibt sich ein Wärmeverlust von 7.358 kWh im Jahr (0,0105 kW/(K·h) · 80 K · 24 h · 365 d/a). Somit stehen noch 3.076.161,6 kWh im Jahr an Wärmeenergie zur Verfügung.

Bei einer Aufladung der Container mit 90 °C als Vorlauftemperatur und einer Entladetemperatur von 50 °C können nicht die aus den Daten angegebenen 3,5 MWh Wärmeenergie gespeichert werden, weil dort mit einer Temperatur von bis zu 180 °C Aufladetemperatur und bis zu 20 °C Entladetemperatur ausgegangen wird (siehe Abb. 4.1-1). Daraufhin wird eine geschätzte Speicherkapazität von 3,0 MWh angenommen, um Sicherheiten bei der Berechnung einzukalkulieren. Im Folgenden wird berechnet wie viele Speicher im Jahr benötigt werden, um die ermittelte Wärmemenge zum Verbraucher zu transportieren.

$$\frac{3.076.161 kWh \cdot Container}{3.000 kWh \cdot a} \Rightarrow 1.025\, Container\, pro\, Jahr$$

Bei 1.025 Containertransporten pro Jahr müssten also ca. drei Mal pro Tag die Container gewechselt werden. Als Sicherheit wird ein Containerwechsel von nur 1.000 Containern im Jahr gewählt. Da die Container in unregelmäßigen Abständen gefüllt sind und dies auch nicht immer zur gleichen Tageszeit passiert, ist es sehr sinnvoll, mindestens zwei Container an der Wärmequelle zu betreiben, damit der Zeitpunkt für den Transport variabel ist. Ansonsten müsste ein Containerwechsel in der Nacht stattfinden. Das bedeutet also, dass an der Wärmequelle mindestens zwei Anschlüsse mit jeweils einem Container installiert werden müssen.

Am Verbraucher sollte mindestens ein Container zum Entladen stehen. Die Entladeleistung eines Containers beträgt 0,5 MWh, deshalb kann der Container bei dem Verbraucher schneller entladen werden, als er durch die zur Verfügung stehende Leistung an der Wärmequelle geladen werden kann Es sollten jedoch mindestens zwei Entladestationen vorhanden sein, damit der LKW-Fahrer einen geladenen Container direkt anschließen kann, ohne erst den entladenen Container abzukuppeln. Durch diese Maßnahme kann Zeit gespart werden. Das bedeutet also, dass am Verbraucher ein Container und zwei Entladestationen bereit stehen müssten.

Darüber hinaus muss ausreichend Platz am Verbraucher und an der Wärmequelle für jeweils zwei Container und den Rangierabstand für den LKW geschaffen werden. Außerdem muss ein LKW-Fahrer eingestellt oder ein Logistikunternehmen für den Containertransport beauftragt werden. Die Wartung, die Inbetriebnahme, der Verschleiß, die Versicherung und die Lizenzabnahme müssen bei der Planung mit einkalkuliert werden. Ob diese Anlage wirtschaftlich ist, wird in Kapitel 5.1 berechnet. Die technische Machbarkeit ist gegeben.

4.2 Absorptionskälteanlage

Absorptionskälteanlagen werden inzwischen von vielen verschiedenen Herstellern angeboten. Besonders in der Raumklimatisierung und der Lebensmittelindustrie kommen sie zum Einsatz.

Der Vorteil der Absorptionskälteanlagen gegenüber einer Adsorptionskälteanlage ist die technische Reife dieser Maschinen. Von zahlreichen Firmen werden Absorptionsmaschinen als Serienmodelle angeboten. Anders als die Adsorptionskältemaschinen können sie mit dem Arbeitsstoffpaar Ammoniak/Wasser Prozesskälte unter dem Gefrierpunkt erzeugen. Diese Kälteleistung könnte dann z.B. zum Einfrieren von Lebensmitteln dienen. Anlagenhersteller für das Arbeitsstoffpaar Ammoniak/Wasser sind allerdings nicht sehr stark vertreten.

In den meisten Fällen wird das Arbeitstoffpaar Lithiumbromid (LiBr) und Wasser, mit dem Kaltwasser über dem Gefrierpunkt erzeugt wird, verwendet. Die Firma York und die Firma Carrier, die weltgrößten Klimagerätehersteller, bieten Absorptionskältemaschinen ausschließlich mit dem Arbeitsstoffpaar Lithiumbromid und Wasser (für die Klimatisierung) an. Die Anlagen benötigen meistens eine Mindesttemperatur von 75 °C. Es werden Anlagen in verschiedenen Baugrößen angeboten, so dass die Abwärme des BHKWs der Beispielanlage ohne weiteres eine solche Absorptionskälteanlage betreiben könnte. Mit der thermischen Leistung von 352 kW aus der Beispielbiogasanlage wird ein Antrieb für eine Absorptionsmaschine gerade so möglich. In den meisten Fällen in der Industrie liegt das Leistungsniveau wesentlich höher. Im folgenden Anwendungsbeispiel soll anhand der technischen Unterlagen geprüft werden, ob ein Einsatz einer Absorptionskältemaschine für den Anwendungsfall möglich ist. In Kapitel 5.2 soll berechnet werden ob sich die Anschaffung einer Absorptionskältemaschine im Vergleich zu einer konventionellen Kompressionsmaschine lohnt

Anwendungsbeispiel

In der Nähe einer Biogasanlage befindet sich eine Fleischerei, die am Nahwärmenetz der Biogasanlage angeschlossen wird. Die Nahwärme soll zum Antrieb einer Absorptionskältemaschine dienen, um im ganzen Jahr die Fleisch- und Wurstwaren zu kühlen. Es wird 6.000 Stunden im Jahr gekühlt. Die Anlage soll eine Kälteleistung von ca. 200 kW aufweisen. Es steht eine Heiztemperatur aus dem Nahwärmenetz von 90 °C zur Verfügung. Zum Vergleich soll eine Kompressionsmaschine geplant werden.

Mit einem Planungsprogramm „YorkOpti", das die Firma York zur Verfügung gestellt hat, kann eine passende Kältemaschine gewählt werden. Die in Tabelle 4.2-1 blau markierten Werte sind einzugeben, anschließend wird eine passende Kältemaschine ausgewählt.

System	Absorber		Kompressor	
Flüssigkeitskühler	Heißwasser		Kolben	
Baureihe	YIA HW		LCHM WL R134A	
Typ	YIA 1A2		LCHM 55 WL R134A	
Geforderte Kälteleistung	kW	200	200	
Installierte Kälteleistung	kW	193	196	
Kälteträger Rücklauf	°C	12	12	
Kälteträger Vorlauf	°C	6	6	
Kühlträger ein	°C	27	27	
Kühlträger aus	°C	33	33	
Heißwassereintritt	°C	90		
Heißwasseraustritt	°C	70		
Heizleistung	kW	295		
Elektrische Leistung	kW	2	48	

Tab. 4.2-1: *Technische Daten einer Absorptions- und einer Kompressions-Kältemaschine* [30]

Mit dem Planungsprogramm wurde eine passende Absorptionskältemaschine ermittelt. Als Vergleich wurde eine Kompressionskältemaschine gewählt. Da für die eingegebenen Werte eine passende Maschine ausgewählt wurde, ist ein Betrieb mit diesen Werten möglich. Aus den verschiedenen technischen Daten lassen sich die Leistungszahlen und die Gesamtenergiemengen berechnen.

Die Leistungszahl bzw. der C.O.P.-Wert des Absorbers liegt bei 0,65 (Kälteleistung/Heizleistung). Bei 6.000 Betriebsstunden im Jahr verbraucht er 1.846.154 kWh Heizenergie ((6.000 h · 200 kW)/0,65 = 1.846.154 kWh), um den Absorber anzutreiben.

Die Leistungszahl der Kompressionskältemaschine beträgt 4,26 (Kälteleistung/elektrische Leistung). Die Kompressionsmaschine verbraucht im Jahr 281.690 kWh elektrischen Strom ((6.000 h · 200 kW)/4,26 = 281.690 kWh). Bei dieser Berechnung wurden 2 $kW_{elektrisch}$ abgezogen, um die elektrische Leistung, die bei dem Absorber benötigt wird, auszugleichen.

Das Ergebnis zeigt, dass der Absorber eine wesentlich größere Menge an Heizenergie, als die Kompressionskältemaschine an elektrischer Leistung benötigt. Die Leistungszahl der Absorptionsmaschine könnte sich unter anderem durch ein höheres Temperaturniveau des Heizwassers verbessern. Es gibt auch Absorptionsmaschinen, die anstelle von Heizwasser mit Dampf betrieben werden, dort ist ebenfalls eine höhere Leistungszahl zu erwarten.

Der Betrieb einer Absorptionskältemaschine ist mit der vorhandenen Wärmemenge und dem Temperaturniveau der Biogasbeispielanlage technisch möglich. Ob ein Betrieb im Vergleich zu einer Kompressionsmaschine wirtschaftlich ist, wird in Kapitel 5.4 anhand des Anwendungsbeispiels berechnet.

4.3 Adsorptionskälteanlage

Auf der Suche nach Herstellern für Adsorptionskältemaschinen ist die Firma GBU aus Bensheim ermittelt worden. Diese Firma bietet serienreife Adsorptionsanlagen im Leistungsbereich von 50-430 kW bei einer Betriebstemperatur ab 50 °C an. Im Gegensatz zu den Absorptionsmaschinen ist das Angebot von Adsorptionsmaschinen noch nicht besonders groß, da es sich hierbei um eine neue Technik zur Kälteerzeugung handelt. Besonders in den niedrigeren Temperaturbereichen, wie z.B. bei Fern- oder Solarwärme, ist die Adsorptionskältemaschine sehr gut einsetzbar.

Betriebsbedingungen für die Adsorptionsmaschine sind eine kontinuierliche Wärmezufuhr von mindestens 50 °C, ein Kältekreislauf in Form eines geschlossenen Kühlturms, eine Druckluftzufuhr und eine Stromversorgung. Im Folgenden werden die technischen Daten des Typs NAK bei Standardauslegung dargestellt.

TECHNISCHE SPEZIFIKATION (Standard-Auslegung) für ADSORPTIONSKÄLTEMASCHINEN TYP NAK						
		20/70	50/170	100/350	300/1050	
HEIZWASSER - KREISLAUF	EINTRITTSTEMPERATUR	85	85	85	85	°C
	AUSTRITTSTEMPERATUR	79,4	79,4	79,4	79,4	°C
	TEMPERATURDIFFERENZ	5,6	5,6	5,6	5,6	°C
	VOLUMENSTROM	18	45	90	270	m3/h
	DRUCKVERLUST	4,5	5,6	3,0	5,0	mH2O
C.O.P. (Kälte-/Wärmeverhältnis Qo : Qzu)		0,6	0,6	0,6	0,6	
HEIZWASSERWÄRMELEISTUNG Qzu		118	295	589	1768	KW
KÄLTELEISTUNG Qo		71	177	354	1061	KW
KALTWASSER - KREISLAUF	EINTRITTSTEMPERATUR	14	14	14	14	°C
	AUSTRITTSTEMPERATUR	9	9	9	9	°C
	TEMPERATURDIFFERENZ	5	5	5	5	°C
	VOLUMENSTROM	12	30	60	181	m3/h
	DRUCKVERLUST	5,5	11,4	7,7	8,0	mH2O
ERFORDERLICHE RÜCKKÜHLLEISTUNG		189	472	943	2829	KW
KÜHLWASSER - KREISLAUF	EINTRITTSTEMPERATUR	31	31	31	31	°C
	AUSTRITTSTEMPERATUR	34,8	34,8	34,8	34,8	°C
	TEMPERATURDIFFERENZ	3,8	3,8	3,8	3,8	°C
	VOLUMENSTROM	42	106	212	637	m3/h
	DRUCKVERLUST (Wärmet.)	8,0	8,6	4,5	6,0	mH2O
	DRUCKVERLUST (Kondens.)	6,0	7,5	5,9	5,5	mH2O
ANSCHLUSS - WERTE	DRUCKLUFTANSCHLUß	500	500	500	500	kPa
	DRUCKLUFTVERBRAUCH	64	117	232	432	l/h
	ELEKTRISCHER ANSCHLUß	0,4	0,4	0,4	0,4	kVA
	KÄLTEMITTELPUMPE	0,4	0,4	0,4	0,7	KW
MAßE UND GEWICHTE	LÄNGE	3.700	4.000	5.300	6.900	mm
	BREITE	1.600	1.900	2.120	3.040	mm
	HÖHE	2.400	3.000	3.270	5.200	mm
	BETRIEBSGEWICHT	5.000	8.000	14.000	39.000	kg
	TRANSPORTGEWICHT	4.000	6.500	12.500	35.500	kg

Tab. 4.3-1: Technische Daten der Adsorptionskälteanlage NAK [17]

Die Tabelle 4.3-1 zeigt die verschiedenen technischen Daten und Anschlusswerte bei den unterschiedlich großen Anlagen bei Standardauslegung. Die Kälteleistung ist jedoch von der zugeführten Heizwassertemperatur und von der Kühlwassertemperatur abhängig, außerdem von der für die Klimatisierung benötigten Kaltwassertemperatur. Der Wirkungsgrad wird durch die Leistungszahl (Kälte-/Wärmeverhältnis), auch C.O.P.-Wert (Coefficient of Performance) genannt, deutlich. Wenn die Eintrittstemperatur des Heizwassers steigt und die Kühlwassertemperatur aus dem Kühlturm sinkt, erhöht sich die Leistung. Je tiefer die Kaltwassertemperatur sein soll, desto schlechter wird die Leistungszahl. Für die Auslegung der Adsorptionskältemaschine gibt es je nach Anwendungsfall sehr viele Varianten, die mit den technischen Unterlagen geplant werden können. Der technische Einsatz in Bezug auf die Beispielanlage ist machbar.

Anwendungsbeispiel

Als Anwendungsbeispiel wird eine große EDV-Zentrale mit Bürohaus ausgewählt, die ganzjährig mit Heizwärme in Form von mobilen Latentwärmespeichern versorgt wird. Im Winter dienen die Latentwärmespeicher als Heizenergie für das Bürohaus und im Sommer soll damit eine Adsorbtionskältemaschine zur Kühlung der EDV-Anlage betrieben werden. Die Adsorptionskälteanlage soll den Grundkaltwasserbedarf abdecken. Der Spitzenbedarf wird mit Hilfe einer Kompressionskälteanlage hergestellt. Die Latentwärmespeichercontainer sind mit Bariumhydroxid gefüllt, das eine Schmelztemperatur von 78 °C aufweist. Für den Anwendungsfall bedeutet das, dass die Heizwassertemperatur unter 78 °C liegen sollte, um den Container möglichst weit zu entleeren. Die Betriebsstunden für die Kältemaschine werden mit 4.000 Stunden im Jahr angenommen. In der restlichen Zeit reicht die Außentemperatur als Zuluft für die Kühlung der EDV-Anlage aus. Die Grundlast für die Kaltwassererzeugung soll ca. 125 kW betragen. Die Kaltwassertemperatur soll 12/6 °C betragen.

Als Heizwassereintrittstemperatur werden somit 70 °C angenommen. Aus den erweiterten technischen Unterlagen (Tabelle 4.3-2) wird eine passende Anlage gewählt. In diesem Fall der TYP NAK 50/170.

NAK TYP	KALTWASSER 12/6 °C HEIZWASSER 70 °C			KÜHLWASSER 28/33 °C	
	HEIZWASSER ∆-t = 5,6 °C			HEIZWASSER ∆-t = 10,8 °C	
	KW KÄLTE	KW THERMISCH	COP	KW KÄLTE	KW THERMISCH
20/70	49,7	95,6	0,52	46,2	88,9
50/170	125	240,3	0,52	116,2	223,5
100/350	249,9	480,6	0,52	232,4	447,0
300/1050	749,8	1441,8	0,52	697,3	1340,9

Tab. 4.3-2: Leistungsdaten bei einer Heizwassertemperatur von 70 °C. [17]

Diese Anlage hat bei 70 °C Heizwassertemperatur, einer Kaltwassererzeugung von 12/6 °C und einer Kühlwassertemperatur von 28/33 °C, eine Leistungszahl von 0,52 und eine Kälteleistung von 125 kW. Aus diesem Ergebnis wird noch einmal deutlich, dass die Leistung sehr stark von den verschiedenen Temperaturen abhängt, da bei der Standardauslegung aus Tabelle 4.3-1 eine Leistungszahl von 0,6 und damit eine Kälteleistung von 177 kW bei der gleichen Anlage zu erreichen ist.

Zunächst soll die gesamte Kältemenge pro Jahr berechnet werden. Die angenommenen 4.000 Stunden pro Jahr und die 125 kW Kälteleistung die mit der Adsorptionskältemaschine erzeugt werden, ergeben eine Kältemenge von 500.000 kWh. Die dafür eingesetzte Heizwärmemenge beträgt 961.200 kWh pro Jahr (4000 h/a · 240,3 kW). Die einsetzbare elektrische Energie ist verhältnismäßig klein und wird nicht berücksichtigt. Die Wirtschaftlichkeitsbetrachtung dieses Anwendungsbeispiels wird in Kapitel 5.3 behandelt.

4.4 Dampferzeugung

Mit Hilfe eines Abhitzekessels kann mit der Abgasabwärme des BHKWs aus der Beispielanlage Dampf erzeugt werden. Die Firma EnviTec hat bereits eine Anlage zur Dampferzeugung, die von der Firma GE Jenbacher geliefert wurde, bauen lassen. In diesem Fall wurde der Dampf zur Futtermitteltrocknung eingesetzt. Nach Anfrage bei der Firma GE Jenbacher, wurden einige Informationen zur Dampferzeugung in Erfahrung gebracht.

Speisewassertemperatur	90 °C
Erzeugungswärme Dampf	666 Wh/kg
Dampfart	Sattdampf
Restfeuchte	1-2 %
Dampfdruck Betrieb	9 bar g
Dampftemperatur Betrieb	180 °C
Speisewasserqualität	gemäß TRD 611

Tab. 4.4-1: Dampfdaten [31]

Abgasmenge	2.175 Nm³/h
Abgasmenge	2.796 kg/h
Wärmeleistung	215 kW
Dampfleistung (bei 2% Verlusten)	316 kg/h

Tab. 4.4-2: *Spezifische Daten des Motors J 312 [31]*

Max. Öldurchsatz	127 kg/h
Wärmeleistung	1.332 kW
Dampfleistung	2.000 kg/h

Tab. 4.4-3: *Spezifische Daten des Ölbrenners [31]*

Für die Dampferzeugung wird 90 °C heißes Speisewasser genutzt. Die Vorerwärmung des Speisewassers wird durch das Motorkühlwasser erreicht. Dieses Speisewasser wird in einem Großraumwasserkessel, der in liegender Bauweise ausgeführt ist, weiter erhitzt. Das Rauchgas des BHKWs wird durch glatte Rohre im Kesselkörper geführt. Dadurch kann das Rauchgas sehr schnell durch den Kesselkörper strömen und die Wärme an die Oberfläche abgeben. Der Rauchgasweg wird durch die Kesseltrommel umschlossen, in der sich das siedende Wasser mit dem darüber liegenden Dampfraum befindet. Durch den großen Dampfraum und durch die große Wasseroberfläche wird eine Dampfqualität mit ca. 1-2 % Wasseranteil, je nach Kesseldruck, ermöglicht. Außerdem ist ein Tropfenabscheider in der Kesseltrommel installiert.

Abb. 4.4-1: *Abhitzekessel [9]*

Der Abhitzekessel in diesem Beispiel kann mit ein oder zwei BHKWs betrieben werden, wobei die Stoffströme der beiden Kessel unterschiedlich groß sein können, da zwei getrennte Abgaswege im Kessel vorhanden sind.

Außerdem ist der Abhitzekessel mit einem zusätzlichen, separaten Kesselzug ausgestattet, der eine Verbrennung von Öl oder Gas ermöglicht. Die Flamme wird nicht durch den Abhitzeteil beeinflusst, da er davon vollständig getrennt ist. Das ermöglicht den Einsatz von Serienbrennern für die Dampferzeugung. Der separate Teil besteht aus einem großen Flammrohr und einer Wendekammer, die das Rauchgas auf übliche Abgastemperaturen abkühlen und für eine vollständige Verbrennung sorgen. Das Abgas verlässt den Kessel über einen separaten Austrittsstutzen. Durch den Brenner ist ein Betrieb ohne Abwärme möglich oder er kann zur zusätzlichen Leistungssteigerung zusammen mit dem Abhitzeteil betrieben werden.

Wird der Dampfkessel nur mit der Abwärme eines BHKWs betrieben, stellt er bei einem Dampfdruck von 9 bar und einer Dampftemperatur von 180 °C, 316 kg/h Sattdampf her. Der Druck und die Temperatur sind voneinander abhängig (Allgemeine Gasgleichung). Der Abhitzekessel ist vom TÜV abzunehmen.

Wenn Dampf im Umfeld der Biogasanlage benötigt wird, ist die Erzeugung von Dampf durch die Abwärme technisch möglich. Allerdings sind die Anforderungen je nach dem Dampfverbraucher sehr individuell. Sofern die Abwärme des BHKWs ohnehin als Abfall betrachtet und verloren gehen würde, aber Dampf benötigt wird, wäre die Abwärmenutzung zur Dampferzeugung sicherlich wirtschaftlich. Die Anwendungsfälle sind jedoch sehr verschieden, so dass eine Wirtschaftlichkeit individuell geprüft werden sollte. [9, 31]

4.5 Stirling-Motor

Nach ausführlicher Recherche konnten folgende Ergebnisse ermittelt werden: Serienreife Stirling-Motoren werden unter anderem von der Firma Solo gebaut, jedoch bisher nur in kleinen Leistungsstufen bis ca. 40 kW$_{elektrisch}$. Das bedeutet, dass bei der vorhandenen Wärmemenge mehrere Anlagen in Reihe geschaltet werden könnten. Bislang werden lediglich vereinzelt Stirling-Motoren bei der Verbrennung von Biomasse in Form von Holzkraftwerken eingesetzt. Dabei werden sie mit dem Abgas des Biomassekessels betrieben. Die Abgastemperaturen erreichen ca. 1000-1300 °C. Die technischen Informationen wiesen auf eine *Antriebstemperatur von mindestens 700-1000 °C* hin. Das eingesetzte Helium dehnt sich erst bei diesen Temperaturen vollständig aus. Unter diesem Temperaturniveau kann der Generator nicht angetrieben werden.

Die Idee war, den Stirling-Motor im Abgasstrom des BHKWs zu installieren, ähnlich wie es bei Abbildung 3.5-3 zu sehen ist. In der Beispielanlage beträgt die höchste nutzbare Temperatur jedoch nur ~450 °C (siehe Tabelle 2.3-2) im Abgasstrom. Dadurch ist der Betrieb des Stirling-Motors mit dem Abgas des BHKWs aus der Beispielanlage zum jetzigen Zeitpunkt nicht möglich und keine weitere Stromerzeugung machbar. Auf Wirtschaftlichkeitsberechnungen kann aufgrund des in diesem Fall technisch nicht einsetzbaren Motors verzichtet werden. [21]

4.6 Dampfschraubenmotor

Der Dampschraubenmotor benötigt Dampf zum Antrieb. Laut Herstellerangaben kann er auch durch Nassdampf mit einem niedrigen Druck und Temperaturniveau betrieben werden. In Kapitel 4.4 wurde die Dampferzeugung mit dem BHKW der Beispielanlage beschrieben. Dieser erzeugte Dampf könnte einen Dampfschraubenmotor antreiben. Die Firma Köhler und Ziegler Anlagentechnik GmbH vertreibt unter anderem auch Dampfschraubenmotoren. In Tabelle 4.6-1 sind die technischen Daten eines Dampfschraubenmotors aufgezeigt.

Antrieb	Nass-, Satt- oder überhitzter Dampf
Dampfdruck	5-16 bar
Dampftemperatur	150-360 °C
Dampfmenge	200-25.000 kg/h

Tab. 4.6-1: Technische Daten eines Dampfschraubenmotors von Köhler und Ziegler [32]

Mit dem Abhitzekessel zur Dampferzeugung aus Abgaswärme (Kapitel 4.4) können 316 kg/h Sattdampf in einem Temperaturniveau von 180 °C bei einem Druck von 9 bar produziert werden. Somit wäre eine Funktion des Dampfschraubenmotors theoretisch möglich.

Nach einem Telefonat mit der Firma Köhler und Ziegler GmbH wurde mitgeteilt, dass bei diesen gegebenen Werten kein besonders hoher Wirkungsgrad der Anlage zu erwarten sei. Um eine Anlage mit dem zur Verfügung stehenden Dampf angehend wirtschaftlich zu betreiben, sei eine Dampfmenge von mindestens 1-1,5 t/h nötig. Die Firma Mawera, die im Internet ebenfalls Dampfschraubenmotoren anbietet, teilte mit, dass ein Einsatz des Dampfschraubenmotors für die vorgegebenen Dampfdaten überhaupt nicht möglich sei.

Angenommen, die Daten der Firma Köhler und Ziegler sind korrekt, dann lohnt sich ein Bau einer solchen Anlage für eine einzelne Biogasanlage nicht. Um auf eine Dampfmenge von 1.5 t/h zu kommen, wären 5 Biogasanlagen, je 500 $kW_{elektrisch}$, zur Erzeugung dieser Dampfmenge notwendig.

Für die Kostenrechnung muss die Investition der Dampferzeuger mit eingerechnet werden. Außerdem muss die Stromkennzahl ermittelt werden, um den Stromerlös aus dem Dampfschraubenmotor zu berechnen. Weitere technische Daten und Investitionspreise, die für eine Wirtschaftlichkeitsberechnung wichtig sind, konnten nicht in Erfahrung gebracht werden, deshalb werden keine Berechnungen bezüglich des Dampfschraubenmotors in Kapitel 5 unternommen.

4.7 ORC-Prozess

Der ORC-Prozess ist ein Kreislauf, der mit dem niedrigsten Temperaturniveau arbeitet. Nach ausführlicher Recherche wurden einige Anlagen gefunden, die mit diesem Prozess Strom produzieren. In letzter Zeit werden besonders bei Heizkraftwerken mit Biomasse (in Form von Holz) ORC-Prozesse zur zusätzlichen Stromproduktion betrieben. Des Weiteren werden ORC-Prozesse bei geothermischen Anlagen, sowie mit Abwärmequellen in der Industrie, betrieben.

ORC-Anlagen werden unter anderem von der italienischen Firma Turboden produziert. Im Produktkatalog von Turboden sind Standardanlagen ab 500 $kW_{elektrisch}$ aufgeführt. Sie sind in zwei Kategorien aufgeteilt. Zum einen in KWK-Anlagen (CHP (Combined Heat & Power)), bei denen das Kühlwasser aus dem ORC-Prozess noch für Heizzwecke genutzt wird, und zum anderen in Kraftanlagen (HR (Heat Recovery)), wo das Kühlwasser mit Hilfe eines Kühlturms abgekühlt und nicht für Heizzwecke genutzt werden kann (siehe Tabelle 4.7-1). Wie auch bei allen anderen Kreisprozessen ist die Temperaturdifferenz für den Wirkungsgrad des Prozesses von großer Bedeutung. ORC-Anlagen für geothermische Nutzung oder Nicht-Standardanlagen werden nur auf Anfrage bei einer Leistung >500 kW$_{elektrisch}$ gebaut.

Wärmequelle	T500-CHP	T500-HR
	Thermoöl in geschlossenem Kreislauf	Thermoöl in geschlossenem Kreislauf
Thermoöl-Temperaturen (ein/aus)	300/250 °C	265/165 °C
Thermoöl-Massenstrom	23,6 kg/s	11,5 kg/s
Thermische Leitung vom Thermoöl	2.900 kW	2.850 kW
Kühlwasser-Massenstrom	28,1 kg/s	36,6 kg/s
Kühlwasser-Temperaturen (ein/aus)	60/80 °C	28/43 °C
Thermische Leistung an das Kühlwasser	2320 KW	2275 kW
Elektrische Nettoleistung	500 KW	500 kW

Tab. 4.7-1: Technische Daten einer CHP- und einer HR-Standard- ORC- Anlage [33]

Um die Abwärme aus Biogasanlagen zu nutzen, sind die Standardanlagen der Firma Turboden unpassend, da die technischen Werte für den Antrieb nicht zu erreichen sind.

In Holzkraftwerken in denen Biomasse in Form von Holz verbrannt wird, sind diese Standard-ORC-Anlagen der Firma Turboden genau passend. In einem Holzkraftwerk in Admont wird genau so eine Anlage betrieben und es liegen zahlreiche Fakten und Berechnungen vor (siehe Tabelle 4.7-2).

Eine mit Erdwärme betriebene Anlage in Neustadt-Glewe wird mit einer Temperatur von ca. 97 °C bei einem Volumenstrom von 40-110 m³/h angetrieben und erbringt einen Wirkungsgrad von ca. 7 % (siehe Tab. 4.7-3). Diese Anlage ist keine Standardanlage, sondern sie wurde genau für die vorhandene Wärmeleistung und dem vorhandenen Temperaturniveau geplant.

Wärmequelle	Thermoöl im geschlossenem Kreislauf
Temperaturen (ein/aus)	300/250 °C
Thermische Leistung (Thermoöl)	2.250 kW
Elektrischer Jahresanlagennutzungsgrad	14 %
Stromkennzahl	0,21
Elektrischer Wirkungsgrad bei Nennlast	ca. 17,7 %
Elektrische Nettoleistung bei Nennlast	ca. 400 kW

Tab. 4.7-2: Technische Daten des ORC-Prozesses – Biomasse Heizkraftwerk Holzindustrie Admont [34]

Wärmequelle	Sole mit einem Salzgehalt von 227 g/l
Nutzbare geothermische Wärme	98 °C bis 71 °C
Fördermenge	40-110 m³/h
Geothermische Wärmeleistung	10.400 kW
Thermische Leistung (Thermoöl)	ca. 3.000 kW
Siedetemperatur des organischen Mediums bei Normaldruck	31 °C
Elektrischer maximaler Wirkungsgrad	7,7 %
Elektrische Leistung	bis 230 kW

Tab. 4.7-3: Technische Daten des ORC-Erdwärme-Kraftwerks in Neustadt-Glewe [35]

Da eine ORC-Anlage bisher erst ab einer Leistung von 500 kW$_{elektrisch}$, das heißt einer zum Antrieb notwendigen thermischen Leistung von ca. 2.900 kW, betrieben werden kann, ist dieses ORC-System für eine einzelne Biogasanlage (wie die im Beispiel) nicht einsetzbar.

Die einzige theoretische Möglichkeit, die ORC-Anlage zur Abwärmenutzung von Biogasanlagen einzusetzen, wäre in einem Biogaspark, wo mehrere Biogasanlagen wie die Beispielanlage parallel betrieben werden. Mit dem zur Verfügung stehenden Temperaturniveau von 90/70 °C könnte die Biogaspark-ORC-Anlage wahrscheinlich eher vergleichbar der Erdwärme-ORC-Anlage in Neustadt-Glewe betrieben werden. Bei einer geforderten thermischen Leistung von ca. 3.000 kW wäre ein Biogaspark mit 10 Anlagen (bei einer Wärmeleistung von je 315 kW nach Tabelle 2.3-2) gleich der Beispielanlage nötig. Die Heizwasserleitungen von den BHKWs der Biogasanlagen müssten zusammengeführt und dann an die ORC-Anlage angeschlossen werden.

Auf eine Anfrage an die Firma Turboden ob eine ORC-Anlage für einen Biogaspark, mit einer thermischen Leistung von 12,6 MW (bei 40 Modulen à 315 kW$_{thermisch}$) und einem Temperaturniveau von 90 °C ausgelegt werden kann, wurde keine Antwort im Bearbeitungszeitraum der Untersuchung erteilt.

Eine andere Möglichkeit wäre unter Umständen, einen Thermoölkessel mit dem Abgas der Biogasanlagen, ähnlich wie bei der Dampferzeugung, zu betreiben (siehe Seite 37). Dadurch könnte ein höheres Temperaturniveau erreicht und damit ein besserer Wirkungsgrad realisiert werden. Wenn allerdings nur die Abgaswärme der BHKWs genutzt wird, wäre ein Einsatz von noch mehr als 10 Biogasanlagen erforderlich.

In der Praxis sind diese denkbaren Möglichkeiten in Bezug auf Biogasanlagenparks noch nicht angewandt worden. Die technische Machbarkeit ist aber nicht auszuschließen. Unter der Annahme, dass ein Biogaspark mit 10 BHKWs eine ORC-Anlage betreiben kann, werden in Kapitel 5.6 die Stromgestehungskosten berechnet. [33, 34, 35]

5 Wirtschaftlichkeitsberechnungen

5.1 Stromvergütung im Rahmen des Erneuerbare-Energien-Gesetzes (EEG)

Die Stromvergütung des von Biogasanlagen erzeugten Stromes wird im EEG (Erneuerbare-Energien-Gesetz) geregelt. Die Vergütung von Strom aus Biomasse ist von verschiedenen Faktoren abhängig (siehe Tabelle 4.1-1).

Biomasse		Vergütung in Cent pro Kilowattstunde in den Leistungsklassen		
Anwendungsart	Vergütungsdauer (Jahre)	30-150 KWel	>150-500 KWel	>0,5-5,0 MWel
Alleinige Nutzung von Pflanzen oder Pflanzenbestandteilen oder/und Gülle	20	17,33	15,75	12,77
Wie vor (Pflanzen und/oder Gülle) mit KWK	20	19,33	17,75	14,77
Wie vor (Pflanzen und/oder Gülle) mit KWK-Strom + Innovations-Bonus	20	21,33	19,75	16,77

Tab. 5.1-1 : Mindestvergütungssätze nach dem EEG 2005 [36]

Effizienz- bzw. KWK-Bonus

Beim Einsatz der Kraft-Wärme-Kopplung wird ein Bonus von +2,0 Cent pro Kilowattstunde vergütet (siehe Tab. 5.1-1, Zeile 3 und 4). Dies gilt allerdings nur für Anlagen, die unter einer Leistung von 20 MW$_{elektrisch}$ liegen. Zudem muss die Kraft-Wärme-Kopplung nachgewiesen werden und es besteht nur Anspruch, wenn die Wärme außerhalb der Biogasanlage genutzt wird. Außerdem muss der Anlagenbetreiber die Wärmenutzung nachweisen, das wird in der Regel durch Wärmemengenzähler bewerkstelligt.

Der Erlös aus dem KWK-Bonus wird folgendermaßen berechnet. Zunächst wird die Stromkennzahl des BHKWs ermittelt. Die Stromkennzahl kennzeichnet das Leistungsverhältnis von Strom zu Wärme. Hiermit wird errechnet wie viel Strom erzeugt werden muss, um die gemessene Wärme auszukoppeln. Die errechnete elektrische Leistung wird dann mit dem KWK-Bonus multipliziert und die daraus entstehende Summe vergütet.

Nach den Herstellerunterlagen des Beispiel-BHKWs von GE Jenbacher beträgt die elektrische Leistung 526 kW und die thermische Leistung 557 kW (siehe Seite 6). Das bedeutet, wenn 526 kW elektrische Energie erzeugt werden, entstehen dabei gleichzeitig 557 kW thermische Energie. Umgerechnet wird bei der Erzeugung von 0,944 kW elektrischer Energie 1 kW thermische Energie gewonnen. Also ist die Stromkennzahl für die Beispielanlage 0,94 (526 kWh $_{elektrisch}$/ 557 kWh $_{thermisch}$).

Wenn z.B. 1.500 kWh Wärmeenergie für einen Verbraucher außerhalb der Biogasanlage gemessen werden, würde der Strom zusätzlich mit 28,20 € vergütet werden (1.500 kWh · 0,94 · 0,02 € / kWh). [37]

Innovationsbonus

Wird zur Stromerzeugung innovative Technik genutzt, steigt die Vergütung um weitere 2,0 Cent pro Kilowattstunde.

„Der Innovationsbonus gilt für Strom aus Biomasse-Anlagen, die auch in Kraft-Wärme-Kopplung betrieben werden und die Biomasse durch thermochemische Vergasung oder Trockenfermentation umwandelt, das zur Stromerzeugung eingesetzte Gas aus Biomasse auf Erdgasqualität aufbereitet worden ist oder Strom mittels Brennstoffzellen, Gasturbinen, Dampfmotoren, Organic-Rankine-Anlagen, Mehrstoffgemisch-Anlagen, insbesondere Kalina-Cycle-Anlagen, oder Stirling Motoren gewonnen wird."[3]

Die Abwärme mit innovativer Technik erneut für die Stromerzeugung zu nutzen ist im EEG nicht direkt geregelt. Es besteht die Möglichkeit die überschüssige Abwärme an einen weiteren Projektbetreiber zu verkaufen, damit würde der KWK-Bonus für diese Wärmemenge angerechnet werden. Wenn mit der verkauften Wärmeenergie Strom mit innovativer Technik erzeug wird, ist fraglich, wie dieser Strom vergütet wird. [37]

5.2 Energieeinsparungen bei der Notkühlanlage

Abb. 5.2-1: Tischkühler [38]

Sobald die entstehende Abwärme durch irgendeine Möglichkeit genutzt wird, kann die elektrische Energie für die Rückkühler eingespart werden. Im Jahresdurchschnitt müssen 143 kW (352 kW − 246 kW · 0,85 =143 kW) thermische Energie rückgekühlt werden, insofern sie nicht anderweitig genutzt werden und kein Abwärmetauscher installiert ist (siehe Abbildung 2.3-2). Im Folgenden wird der Stromverbrauch für die Rückkühler berechnet.

Den genauen Stromverbrauch des Tischkühlers zu berechnen, ist fast nicht möglich, da er von verschiedenen Faktoren abhängig ist.

Besonders relevant sind Außentemperatur und Kühlwassertemperatur. Bei niedriger Außentemperatur oder Kühlwassertemperatur muss der Rückkühler weniger anspringen, da die große Temperaturspreizung vom Kühlwasser zur Außentemperatur eine schnellere Abkühlung bewirkt. Zum Beispiel springt der Rückkühler im Sommer bei 30 °C wesentlich häufiger an als im Winter bei -10 °C. Der Kühler muss allerdings auf die extremsten Bedingungen ausgelegt sein, damit das BHKW nicht wegen Überhitzung abschaltet.

Dazu kommen das Teillastverhalten und der Wirkungsgrad der Ventilatoren, was eine exakte Berechnung unmöglich macht. Das beste Ergebnis für den Stromverbrauch der Rückkühler am BHKW einer Biogasanlage, ist wohl durch Messungen zu erzielen. Derartige Messergebnisse liegen allerdings nicht vor.

Bei der Beispielanlage ist ein Rückkühlwerk in Form eines Tischkühlers der Firma „Guentner" installiert. Die genaue Typenbezeichnung des Tischkühlers lautet „S-GFH 090.1 A/3-N(D) F6/2P". Aus dem Datenblatt des Tischkühlers gehen unter anderem nachfolgende Daten hervor (siehe Tabelle 5.2-1)

$\dot{V}$	: Luftvolumenstrom	= 67.800 m³/h
ρ_L	: Dichte von Luft	= 1,2 kg/m³
cp_L	: spezifische Wärmekapazität von Luft	= 1,006 kJ/kg·K
t_2	: Kühlwassertemperatur	= 80 °C (im Mittel: Vor- und Rücklauf)
t_1	: øAußentemperatur	= 10 °C
$P_{el.}$	: aufgenommene elektrische Leistung	= 7,2 KW
$\dot{Q}$	: abzuführende Wärmemenge	

Tab. 5.2-1: *Daten für den Rückkühler [40]*

Gesucht wird die maximal abzuführende Wärmeleistung des Tischkühlers in Teillastbereich, um dann den Stromverbrauch festzulegen. Mit der folgenden vereinfachten Formel kann die maximale abführbare Wärmeleistung mit den verschiedenen Parametern bestimmt werden.

$$\dot{Q} = \dot{V}_L \cdot \rho_L \cdot c_{pL} \cdot (t_2 - t_1)$$

$$\dot{Q} = 67.800 \frac{m^3}{3.600 s} \cdot 1{,}2 \frac{kg}{m^3} \cdot 1{,}006 \frac{kJ}{kg \cdot K} \cdot (80-10)K = \underline{1.591{,}49\,kW}$$

Der Rückkühler kann also theoretisch 1.591,49 kW thermische Energie zurückkühlen. Dafür benötigt er eine elektrische Leistung von 7,2 kW. Um 1 kW thermische Energie zurück zu kühlen werden *0,004524 kW elektrischer Strom* benötigt.

Bezogen auf die Beispielanlage werden bei 143 kW durchschnittlicher Abwärmeleistung im Durchschnitt 0,65 kW elektrischer Strom benötigt (143 kW · 0,004524 kW= 0,65 kW), um diese Wärme abzuführen. Im Jahr sind das 5.694 kWh elektrische Energie (8.760 h/a · 0,65 kW), um diese abzuführen. Bei einem angenommenen Strompreis von 16 Cent pro kWh ergibt das eine Summe von 911,06 € im Jahr, die für die Rückkühlung bezahlt werden muss.

Dieses Ergebnis ist nur sehr überschlägig, da, wie schon erwähnt, noch andere Faktoren eine Rolle spielen. Für die annähernde Betrachtung der Wirtschaftlichkeit der Anlagen zur Wärmenutzung ist dieses Ergebnis jedoch ausreichend. [40]

5.3 Wirtschaftlichkeitsberechnung des mobilen Latentwärmespeichers

Eine realistische Wirtschaftlichkeitsberechnung zum Trans-Heat-System stellte sich als recht problematisch dar, da die EURECA AG aufgrund der Konkurrenz im asiatischen Markt nur sehr wenige Informationen preisgibt. Bei dieser Wirtschaftlichkeitsberechnung werden lediglich Annahmen zu den entstehenden Kosten getroffen, von der Firma EURECA wurde allerdings davor gewarnt, Informationen aus dem Internet als richtig zu befinden. Insofern kann die folgende Wirtschaftlichkeitsanalyse nur als Rechenbeispiel gesehen werden. Als Berechnungsgrundlage wird ein Verbraucher angenommen, der die volle Wärmemenge ganzjährig abnimmt.

Kostenermittlung

Aus Kapitel 4.1 geht hervor, welche Anlagenteile für das Latentwärmespeicher-System zur Verfügung stehen müssen. Zunächst ist eine Kostenermittlung der Investitions- sowie der Jahreskosten erforderlich. Um sicherzustellen, dass der Containertransport gewährleistet ist, wurden zwei weitere Container einbezogen.

Kosten	Stück	€/Stück	Summe
Trans Heat Container	5	73.000	365.000 €
Wärmeentnahme	3	32.000	96.000 €
Wärmeabgabe	3	33.000	99.000 €
Inbetriebnahme	1	3.000	3.000 €
Planung	1	50.000	50.000 €
Gesamtinvestition			**613.000 €**

Tab. 5.3-1: Kostenrechnung des Trans-Heat-Systems [11]

Jahresgesamtkostenermittlung

Die Wirtschaftlichkeit wird mit dem Annuitätenverfahren berechnet. Dabei wird die Investition in Jahresfestkosten festgelegt.

Der Annuitätsfaktor wird mit folgender Formel bestimmt.

$$a = \frac{i \cdot (1+i)^n}{(1+i)^n - 1}$$

a = Annuitätsfaktor

i = Zinssatz als Dezimalzahl

n = Nutzungsdauer in Jahren

- die Nutzungsdauer wird nach VDI 2067 mit 15 Jahren (n=15) angenommen.

- der Zinssatz beträgt zurzeit ca. 3,5 %.

$$a = \frac{0,035 \cdot (1+0,035)^{15}}{(1+0,035)^{15} - 1} \Rightarrow a = 0,086825 = 8,68\,\%$$

Berechnung der Festkosten pro Jahr:

Gesamtinvestition · Annuitätsfaktor = Jahreskosten

613.000 € · 0,086825 = 53.223,73 €/a

Zu den Jahresgesamtkosten zählen zusätzliche Aufwendungen, wie es aus Tabelle 5.3-2 ersichtlich ist.

Ausgaben	Menge	€/Stück	Summe
Transport	1000	50	50.000 €
Wartung	1	500	500 €
Verschleiß	1	400	400 €
Versicherung	1	2.600	2.600 €
Annuität	1	53.223	53.223 €
Lizenz	1	1.500	1.500 €
Jahresgesamtkosten			**108.223 €/a**

Tab. 5.3-2: Jahresgesamtkosten des Trans-Heat-Systems [11, 28]

Ermittlung des Wärmepreises

Bei 1.000 Containern werden jeweils ca. 3,0 MWh thermische Energie eingespeist. Das ergibt eine Wärmemenge von 3.000 MWh. Daraus errechnet sich der Wärmepreis:

$$\frac{Jahresgesamtkosten}{verkaufte Wärmemenge} = Wärmepreis$$

$$\frac{108.223\,\text{€}/a}{3.000.000\,kWh_{thermisch}/a} = \underline{\underline{0{,}036\,\text{€}/kWh_{thermisch}}}$$

Eine kWh thermische Energie kostet also 3,6 Cent, wenn alleine die Kosten berücksichtigt werden. Es kommt jedoch noch die Vergütung des Effizienzbonus und die Einsparung durch die Rückkühler hinzu.

Wärmepreis mit Effizienzbonus

Für 3.000.000 kWh thermische Energie kann mithilfe der Stromkennzahl des BHKWs (Kapitel 5.1) die dafür produzierte elektrische Leistung berechnet werden:

$$eingespeiste\,Wärmemenge \cdot Stromkennzahl = \underline{vergütete\ elektrische\ Leistung}$$

$$3.000.000\,kWh \cdot 0{,}94 = \underline{\underline{2.820.000\,kWh}}$$

Diese 2.820.000 kWh elektrischer Strom werden mit 2 Cent pro kWh vergütet. Das ergibt einen Betrag von 56.400 € (2.820.000 kWh · 0,02 €/kWh). Wird dieser Erlös dem Wärmepreis gutgeschrieben so entsteht ein Wärmepreis von 1,73 Cent pro kWh.

$$\frac{108.223\,\text{€}/a - 56.400\,\text{€}/a}{3.000.000\,kWh_{thermisch}/a} = \underline{\underline{0{,}0173\,\text{€}/kWh_{thermisch}}}$$

Wärmepreis mit Effizienzbonus und Energieeinsparung der Notkühlanlage

In Kapitel 5.2 wurde berechnet, dass durch die Notkühlanlage 911 € eingespart werden können. Wenn dieser Betrag eingespart wird kann der neue Wärmepreis ermittelt werden.

$$\frac{108.223\,\text{€}/a - 56.400\,\text{€}/a - 911\,\text{€}/a}{3.000.000\,kWh_{thermisch}/a} = \underline{\underline{0{,}017\,\text{€}/kWh_{thermisch}}}$$

Jahreserlös mit dem Trans-Heat-System

Bei einem Verkauf der Wärmeenergie für 3 Cent pro kWh ist der Verdienst 1,3 Cent pro kWh. Bei der verkauften Wärmemenge von 3.000.000 kWh entsteht ein Jahreserlös von 39.000 €.

Wenn die Anlage nach 15 Jahren abgeschrieben ist, kommt der gesamte Verdienst dem Wärmeanbieter zugute. In Anbetracht der Tatsache, dass die Energiepreise ständig steigen, ist das Trans-Heat-System nach dieser Berechnung wirtschaftlich. Wenn die Wärmeenergie nicht ganzjährig sondern nur im Winter abgenommen wird, ist die Wirtschaftlichkeit eher kritisch zu sehen, weil dann insgesamt weniger Wärmeenergie verkauft werden kann. [11, 28, 40]

5.4 Kostenvergleich einer Kompressions- und einer Absorptionskältemaschine

In diesem Kapitel soll die Wirtschaftlichkeit einer Absorptionskältemaschine gegenüber einer Kompressionskältemaschine berechnet werden. Als Grundlage wird das Anwendungsbeispiel aus Kapitel 4.2 angenommen. Im 1. Fall wird die Wärme verkauft und im 2. Fall wird die Absorptionsmaschine für den landwirtschaftlichen Betrieb benutzt. Deshalb ist die Wärmeenergie kostenlos und der Effizienzbonus kommt der Investition in diesem Fall zusätzlich zugute.

Fall 1:

Zunächst werden die Kosten für die jeweiligen Kältemaschinen ermittelt.

1. - Investitionskosten für eine Kompressionskälteanlage:

Die Kosten für die Kompressionsanlage (200 kW mit Schraubenverdichter) von Carrier sind mit 45.600 € anzunehmen. Hinzu kommen die Installationskosten für die Rückkühleinrichtungen (Wasseraufbereitungsanlagen sind i.d.R. nicht erforderlich) sowie Verrohrung. Hierfür werden die Kosten nochmals auf etwa 80.000 €. geschätzt. Somit ergibt sich als Planungsrichtpreis eine Investition von ca. 126.000 €.

- Energiekosten für die Kompressionskälteanlage pro Jahr:

Die Kompressionskältemaschine benötigt 281.690 kWh Strom pro Jahr (siehe Kapitel 4.2). Umgerechnet auf einen angenommenen Strommischpreis von ca. 16 Cent/kWh (durchschnittlicher Strommischpreis 2005) ergibt das eine Summe von 45.070 €/a (281.690 kWh · 0,16 €/kWh) für die Stromabnahme.

2. - Investitionskosten für eine Absorptionskältemaschine:

Der Planungsrichtpreis eine Absorptionskältemaschine (193 kW) von Carier wird mit 90.000 € für die Lieferung frei Baustelle, incl. späterer Inbetriebnahme angenommen. Hinzu kommen die Installationskosten für die Rückkühleinrichtungen und Wasseraufbereitungsanlagen, sowie Verrohrung. Hier werden die Kosten nochmals auf etwa 90.000 € geschätzt. Die tatsächlichen Kosten hängen jedoch von sehr vielen Parametern ab, die überschlägig nicht greifbar sind. Somit gilt als Planungsrichtpreis ca. 180.000 €.

- Energiekosten für die Absorptionskältemaschine pro Jahr:

Es werden 1.846.154 kWh/a Heizenergie benötigt (siehe Kapitel 4.2). Diese wird für 3 Cent pro kWh gekauft. Das ergibt einen Jahresenergiepreis von 55.384 € pro Jahr (1.846.154 kWh/a · 0,03 €/kWh).

3. - Mehrinvestition der Absorptionskältemaschine:

180.000 € - 126.000 € = 54.000 €

- Jahresenergieeinsparung (Einnahmeüberschuss) durch die Absorptionskältemaschine:
45.070 €-55.384 € = -10.314 €

4. – Kapitalwert der Mehrinvestition:

Nach VDI 2067 beträgt die Nutzungsdauer einer Kältemaschine 15 Jahre. Der momentane Zinssatz liegt bei 3,5 %. Bei gleich bleibenden Einnahme und Ausgaben gilt folgende Formel um den Kapitalwert zu berechnen.

$$C = -I + E\ddot{u} \cdot \frac{(1+i)^n - 1}{i \cdot (1+i)^n}$$

C : Kapitalwert

I : Mehrinvestition

Eü : Einnahmeüberschuss

i : Zinssatz

n : Nutzungsdauer

$$C = -54.000\ € - 10.314\ € \cdot \frac{(1+0,035)^{15}-1}{0,035 \cdot (1+0,035)^{15}} \Rightarrow \underline{-172.786\ €}\ (<0)$$

5. – Entscheidungskriterium für die Kapitalwertmethode:

C > 0 Investition ist sinnvoll

C < 0 Investition ist nicht sinnvoll

Die Investition einer Absorptionskälteanlage ist gegenüber einer Kompressionskälteanlage in diesem Fall unwirtschaftlich.

Fall 2:

Der Biogasanlagenbetreiber verschenkt die Wärmeenergie, um den KWK-Bonus für die Wärmeenergie zu bekommen. Die eingesparten Energiekosten betragen 45.070 €/a.

$$C = -54.000\ € + 45.070\ € \cdot \frac{(1+0,035)^{15}-1}{0,035 \cdot (1+0,035)^{15}} \Rightarrow \underline{465.071\ €}\ (C>0)$$

In dem Fall, dass die Wärmeenergie kostenlos zur Verfügung steht, ist eine Investition sinnvoll. Der Biogasanlagenbetreiber bekommt durch die Nutzung der Wärmeenergie den Erlös aus dem Effizienzbonus. Für die eingespeiste Wärmemenge von 1.846.154 kWh wird bei einer Stromkennzahl von 0,94 und einer Vergütung von 0,2 Cent pro kWh durch den KWK Bonus 34.707 €/a gezahlt (1.846.154 kWh · 0,94 · 0,02 € = 34.707 €).

5.5 Kostenvergleich einer Kompressions- und einer Adsorptionskältemaschine

In diesem Kapitel soll mit der Kapitalwertmethode die Wirtschaftlichkeit einer Adsorptionskälteanlage gegenüber einer Kompressionskältemaschine genauso wie in Kapitel 5.4 berechnet werden. Als Grundlage wird das Anwendungsbeispiel aus Kapitel 4.3 genommen.

Fall 1:

Es soll nur berechnet werden, ob eine Investition einer Adsorptionskältemaschine durch die Einsparung von Energiekosten sinnvoll ist. Dabei bleiben die Kostendifferenzen für die Wartung, den Rückkühler usw. ausgeschlossen. Der Effizienzbonus bleibt ebenfalls unberücksichtigt.

Zunächst werden die Kosten für die jeweiligen Maschinen ermittelt.

1. - Investitionskosten für eine Kompressionskälteanlage:

Nach Anfrage bei der Firma YORK kostet eine Kompressionskältemaschine (125 kW) mit Kolbenverdichter, ohne Rückkühlsystem und Zubehör, für eine Leistung von 125 kW, ca. 22.316 €.

- Energiekosten für die Kompressionskälteanlage pro Jahr:

Die Kompressionskältemaschine benötigt 192.000 kWh Strom pro Jahr. Umgerechnet auf einen angenommenen Strommischpreis von ca. 16 Cent/kWh ergibt das eine Summe von 30.720 €/a (192.000 kWh/a · 0,16 €/kWh) für die Stromabnahme.

2. - Investitionskosten für eine Adsorptionskältemaschine:

Nach Anfrage bei der Firma GBU kostet eine Adsorptionskältemaschine des Typs: „NAK 50/170" ohne Rückkühlsystem und Zubehör, ca. 187.000 €.

- Energiekosten für die Adsorptionskältemaschine pro Jahr:

Es werden 961.200 kWh Heizenergie benötigt (siehe Kapitel 4.3). Diese wird für 3 Cent pro kWh gekauft. Das ergibt einen Jahresenergiepreis von 28.836 € (961.200 kWh/a · 0,03 €/kWh).

3. - Mehrinvestition der Adsorptionskältemaschine:

187.000 € - 22.316 € = 164.684 €

- Jahresenergieeinsparung (Einnahmeüberschuss) durch die Adsorptionskältemaschine:

30.720 € - 28.836 € = 1.884 €

4. – Kapitalwert der Mehrinvestition:

Nach VDI 2067 beträgt die Nutzungsdauer einer Kältemaschine 15 Jahre. Der momentane Zinssatz liegt bei 3,5 %. Bei gleich bleibenden Einnahme und Ausgaben gilt folgende Formel um den Kapitalwert zu berechnen.

$$C = -I + E\ddot{u} \cdot \frac{(1+i)^n - 1}{i \cdot (1+i)^n}$$

C : Kapitalwert
I : Mehrinvestition
Eü : Einnahmeüberschuss
i : Zinssatz
n : Nutzungsdauer

$$C = -164.684\,€ + 1.884\,€ \cdot \frac{(1+0,035)^{15} - 1}{0,035 \cdot (1+0,035)^{15}} \Rightarrow \underline{\underline{-142.985\,€}}\ (<0)$$

5. – Entscheidungskriterium für die Kapitalwertmethode:

C > 0 Investition ist sinnvoll

C < 0 Investition ist nicht sinnvoll

Die Investition einer Adsorptionskälteanlage ist gegenüber einer Kompressionskälteanlage in diesem Fall unwirtschaftlich.

Fall 2:

Der Biogasanlagenbetreiber verschenkt die Wärmeenergie, um den KWK-Bonus vergütet zu bekommen. Die eingesparten Energiekosten betragen 30.720 €/a.

$$C = -164.684\,€ + 30.720\,€ \cdot \frac{(1+0,035)^{15} - 1}{0,035 \cdot (1+0,035)^{15}} \Rightarrow \underline{\underline{189.131€}}\ (C>0)$$

In dem Fall, dass die Wärmeenergie kostenlos zur Verfügung steht, ist eine Investition sinnvoll. Der Biogasanlagenbetreiber bekommt durch die Nutzung der Wärmeenergie den Erlös aus dem Effizienzbonus ausgezahlt. Für die eingespeiste Wärmemenge von 961.200 kWh wird bei einer Stromkennzahl von 0,94 und einer Vergütung von 0,2 Cent pro kWh, <u>18.070 €/a</u> gezahlt (961.200 kWh · 0,94 · 0,02 € = 18.070 €). [40]

5.6 Stromgestehungskosten durch eine ORC-Anlage in einem Biogaspark

Wie im Kapitel 4.7 beschrieben wurde, ist es denkbar, einen ORC-Prozess in einem Biogaspark zu betreiben. Als Beispiel wird ein Biogaspark mit 10 Biogasanlagen von je 315 kW thermischer Energie im Temperaturniveau von 90/70 °C angenommen. Somit werden 3.150 kW thermische Energie erzeugt. Bei der Kostenerfassung sind viele Zahlen geschätzt worden und aus dem VDI Bericht 1588 entnommen, da keine Herstellerangaben zum Bearbeitungszeitraum dieser Untersuchung zur Verfügung standen. Zunächst werden folgende technische Daten nach Tabelle 5.7-1 angenommen.

Thermische Leistung	ca. 3.000 kW
Temperatur (ein / aus)	90/70 °C
Jahresanlagennutzungsgrad	85 %
Elektrischer Wirkungsgrad	6 %
Elektrische Leistung	180 kW
Erzeugte Strommenge pro Jahr	1.340.280 kWh/a

Tab. 5.7-1: *Angenommene technische Daten für eine ORC-Anlage in einem Biogaspark [35]*

Die Investitionskosten werden mit 1.500.000 € angenommen. Mit dem Annuitätsfaktor aus Kapitel 5.1 (Zinssatz 3,5 %, Abschreibungszeitraum 15 Jahre) ergeben sich daraus Festkosten von 130.238 € im Jahr.

Kapitalgebundene Kosten	130.238 €/a
Betriebsgebundene Kosten	25.000 €/a
Sonstige Kosten	7.000 €/a
Gesamtkosten	162.238 €/a
Gesamtstromerzeugungskosten	0,121 €/kWh$_{el}$

Tab. 5.7-2: *Angenommene Kosten einer ORC Anlage in einem Biogaspark [34]*

Die Stromgestehungskosten betragen somit 12,1 Cent pro kWh elektrischen Strom.

Wird die Anlage mit 3.000 kW thermischer Energie ganzjährig mit einem Jahresanlagennutzungsgrad von 85 % betrieben, so muss eine Wärmemenge von 22.338.000 kWh/a produziert werden (3.000 kW · 8.760 h/a · 0,85 = 22.338.000 kWh/a). Diese thermische Energie wird nicht mehr durch die Rückkühler abgeführt. Für den ORC-Prozess muss jedoch ebenfalls ein Rückkühler betrieben werden, damit er die benötigte Temperaturdifferenz für den Dampfkreislauf ereicht. Deshalb werden die Kosteneinsparungen durch die Rückkühler hier nicht berücksichtigt. [34, 35]

Stromvergütung der ORC-Anlage

Es werden ca. 22.338.000 kWh/a Wärmeenergie ausgekoppelt. Diese Wärmenergie dient jedoch nicht für Heizzwecke außerhalb der Biogasanlage, denn sie wird zum Antrieb einer ORC-Anlage genutzt. Es ist fraglich ob diese Art der Wärmenutzung mit dem KWK-Bonus vergütet wird. Betreibt ein Gesellschafter die ORC-Anlage, der die Wärmeenergie einkauft, so müsste diese eigentlich mit dem KWK-Bonus vergütet werden.

Die Frage ist außerdem, wie der Strom aus der ORC-Anlage vergütet wird: Es ist eindeutig Strom, der ursprünglich aus Biomasse mit Gülle und Pflanzen gewonnen wurde. Die ORC-Anlage selber koppelt jedoch keine Wärme aus, zählt aber zu den innovativen Anlagen nach § 8 des EEG. Nach diesem Gesetz wird der Innovationsbonus nur bei Anlagen mit Kraft-Wärme-Kopplung vergütet. Es kann daher keine eindeutige Aussage über die Stromvergütung nach dem EEG getroffen werden, so dass eine wirtschaftliche Betrachtung aufgrund der Stromgestehungskosten nicht machbar ist. Nach den grundsätzlichen Vergütungen des EEG ist jedoch mit einem positiven Ergebnis für die Wirtschaftlichkeit zu rechnen. [3 ,36]

6 Ergebnisse und Diskussion

Die Wärmeenergiebilanz macht zunächst deutlich, welches Abwärmepotential eine Biogasanlage besitzt. Der entscheidende Energieanteil eines BHKWs in einer Biogasanlage ist allerdings die elektrische Energie. Durch die Stromeinspeisevergütung wird der Bau einer Biogasanlage überhaupt erst in Betracht gezogen. Deshalb ist der elektrische Wirkungsgrad eines BHKWs in einer Biogasanlage besonders wichtig und sollte so hoch wie möglich sein.

Der Abwärmeanteil des BHKWs wird zum Teil für den Prozess der Biogaserzeugung benötigt und somit sinnvoll genutzt. Ein großer Rest an thermischer Energie bleibt jedoch oft ungenutzt und muss durch Rückkühler vernichtet werden. Wenn dieser Anteil an thermischer Energie genutzt wird, arbeitet das BHKW noch wirtschaftlicher und effizienter. Aus den Ergebnissen der verschiedene Möglichkeiten zur Abwärmenutzung ergibt sich, dass die Wärmemenge eines einzelnen BHKWs oft nicht ausreicht um bestimmte Systeme wirtschaftlich zu betreiben.

Im Gegensatz zur elektrischen Energie, die grundsätzlich ohne Probleme in das öffentliche Stromnetz eingespeist werden kann und dann vergütet wird, muss im Normalfall bei der Wärmeenergie ein geeigneter Verbraucher in der Nähe der Biogasanlage gefunden werden.

Wenn ein unmittelbar in der Nähe liegender Verbraucher die Wärmeenergie für Heizzwecke über ein Nahwärmenetz nutzen kann, ist das sicherlich die einfachste und günstigste Möglichkeit. Dieser Fall tritt jedoch nicht sehr oft ein und deswegen wird versucht, nach neuen Möglichkeiten für die Abwärmenutzung zu suchen.

Eine Möglichkeit, die Abwärme als Heizenergie nutzbar zu machen, falls sich im näheren Umfeld der Biogasanlage kein Verbraucher findet, ist der mobile Latentwärmespeicher. Hiermit kann die Heizenergie mittels Container und Lkw zu einem geeigneten Verbraucher transportiert werden. Die Untersuchungen für dieses System ergeben eine technisch durchaus machbare Möglichkeit. Auch wenn der Hersteller nicht alle Informationen zum Trans-Heat System preisgibt ist die technische Funktion für den Anwendungsfall gegeben. Nach den Wirtschaftlichkeitsberechnungen ist das

System als wirtschaftlich zu betrachten. Ohne eine ganzjährige Wärmeabnahme vom Verbraucher und den Effizienzbonus (KWK-Bonus) ist die Wirtschaftlichkeit aber eher kritisch einzuschätzen. Es können allerdings keine genauen Aussagen getroffen werden, da die Daten der Firma EURECA AG als unpräzise bezeichnet wurden. Zu erwarten ist jedoch, dass dieses System aufgrund der immer stärker ansteigenden Energiepreise in der Zukunft auf dem Energiemarkt einen Absatz findet.

Eine weitere Möglichkeit zur Nutzung der Abwärme ist die Umwandlung in Kälteenergie. Mit Absorptions- und Adsorptionskältemaschinen ist diese Umwandlung möglich. Bei der Nutzung der Kälteenergie ist allerdings ebenso wie bei der Nutzung der Heizenergie ein Verbraucher in der Nähe der Biogasanlage erforderlich. Oftmals findet sich ein Verbraucher für die Kälteenergie einfacher als für die Heizenergie. Ein Verbraucher könnte sogar die Abwärme im Winter zum Heizen und im Sommer zum Klimatisieren nutzen. Zumindest erhöhen sich mit diesen Verfahren die Chancen, die Abwärme sinnvoll nutzen zu können. Die Absorptionskältemaschine sowie die Adsorptionskältemaschine sind nach den Herstellerunterlagen technisch für den Anwendungsfall einsetzbar. Absorptionsmaschinen werden bereits im großen Umfang von verschiedenen Firmen hergestellt und installiert. Der Vorteil der Adsorptionsmaschinen gegenüber den Absorptionsmaschinen liegt darin, dass sie mit einem niedrigeren Temperaturniveau betrieben werden können. Das Abwärmepotential des BHKWs ermöglicht allerdings auch den Betrieb einer Absorptionskältemaschine, welche eine geringere Investition bedeutet und deshalb vorzuziehen ist. Nach den Berechnungen aus Kapitel 5 lohnt sich die Anschaffung einer Adsorptionskältemaschine oder einer Absorptionskältemaschine nur, falls die Wärmeenergie kostenlos bezogen werden kann. Für den Biogasbetreiber lohnt es sich in diesem Fall, dem Verbraucher die Wärmeenergie kostenlos zur Verfügung zu stellen, da er dann den Effizienzbonus für diese Wärmeenergie bekommt.

Die Dampferzeugung bietet eine andere Möglichkeit, Abwärme von Biogasanlagen nutzbar zu machen. Ähnlich wie bei der Kälteerzeugung ist auch hier ein Verbraucher in der Nähe der Biogasanlage nötig. Prozessdampf kann in sehr vielen Bereichen eingesetzt werden und bietet eine sehr gute Möglichkeit zur Nutzung der Abwärme. Der Vorteil ist außerdem, dass die Abwärme als Grundlast abgenommen werden und dann ein mit Öl oder Gas betriebener

Brenner die Dampfqualität steigern kann, ohne dass ein zusätzlicher Dampfkessel eingesetzt werden muss. Falls Dampf im umliegenden Bereich einer Biogasanlage benötigt wird, ist der Einsatz eines Abhitzekessels mit Abwärmenutzung sehr sinnvoll. Wirtschaftlich ist ein solcher Abhitzekessel dadurch, dass die Abwärme günstig erworben werden kann, der Effizienzbonus gezahlt wird und keine fossilen Brennstoffe wie Gas oder Öl eingekauft werden müssen.

Bei allen bisher diskutierten Systemen, ausgenommen dem mobilen Latentwärmespeicher, ist der Standort der Biogasanlage in der Nähe eines potentiellen Wärmeverbrauchers vonnöten, um die Abwärme in Form von Heizwärme, Kältenutzung oder Dampferzeugung nutzbar zu machen. Da die Energieumwandlung in elektrische Energie am wertvollsten ist, wurde in dieser Arbeit nach Möglichkeiten gesucht, aus der Abwärme erneut Strom zu erzeugen, da somit eine sehr sinnvolle Nutzung der Abwärme möglich wäre, die den Standort und den Verbraucher nicht in Frage stellt. Diese Möglichkeit zur Abwärmenutzung ist jedoch noch nicht erschlossen.

Zunächst wurde der Stirling-Motor zur Stromproduktion in Betracht gezogen, da er kein direkter Verbrennungsmotor ist, sondern lediglich thermische Energie zum Antrieb benötigt. Die Idee war, den Stirling-Motor mit dem heißen Abgas des BHKWs zu betreiben. Der Stirling-Motor ist keine neue Erfindung, jedoch gab es bis vor kurzem keine brauchbaren Motoren in dieser Form auf dem Markt. Die Ergebnisse zeigen allerdings, dass dieser Motor in dem Temperaturniveau des Anwendungsfalls technisch nicht anwendbar ist. Bei der Biomasseverbrennung in Holzkraftwerken entstehen deutlich höhere Abgastemperaturen, so dass der Stirling-Motor dort durchaus eingesetzt werden kann. Die Entwicklung am StirlingMotor geht aber weiter, somit ist in den kommenden Jahren auch ein Einsatz mit niedrigeren Temperaturen denkbar.

Eine weitere Möglichkeit, die Abwärme des BHKWs aus der Biogasanlage für die Stromproduktion zu nutzen, ist der Dampfschraubenmotor. Die Universität Dortmund betreibt einen solchen Motor mit dem aus der Abgaswärme gewonnenen Dampf aus 2 BHKWs als Pilotprojekt. Eine Funktion ist deshalb gegeben, weil auch Nass- und Sattdampf als Antrieb für die Schraube genutzt werden kann. Erprobt ist diese Technik als solches bei Schraubenkompressoren, die vielfach in der Industrie eingesetzt werden. Diese

Technik für Dampf einzusetzen, steht noch am Anfang und ist durch die Dampferzeugung mit Hilfe eines Abhitzekessels sehr kostenintensiv. In Verbindung mit einer einzelnen Biogasanlage ist dieses System laut Hersteller als unwirtschaftlich zu sehen. Eine Anwendung für die Abwärme von Biogasanlagen wäre nur in einem Biogaspark ab ca. 5 Anlagen von der Größe der Beispielanlage denkbar. Ein Nachteil neben den hohen Investitionskosten besteht darin, dass nur die Abwärme aus dem Abgas für die Erzeugung des Dampfs genutzt wird. Die Abwärme vom Gemisch, des Motoröls und des Schmieröls aus dem BHKW bleibt ungenutzt. Der Dampfschraubenmotor ist dennoch eine interessante Möglichkeit in vielen Bereichen aus Abwärme Strom zu erzeugen. Eine wirtschaftliche und technische Entwicklung für den Dampfschraubenmotor ist abzuwarten und weiter zu erforschen.

Ein sehr interessantes Ergebnis liefert die Stromerzeugung durch einen ORC-Prozess. ORC-Anlagen sind schon in vielen Bereichen eingesetzt worden. Für Biomasse/Holzkraftwerke werden bereits serienmäßige ORC-Anlagen gebaut. In diesem Bereich sind außerdem schon wirtschaftliche Berechnungen als positiv bewertet worden. Besonders bemerkenswert erweist sich der Einsatz der ORC-Anlagen bei der Geothermie. Hier werden ORC-Anlagen mit einem Temperaturniveau betrieben, das etwa dem der Beispielbiogasanlage entspricht. Die ORC-Anlagen für Geothermie und sonstige Nicht-Standardfälle werden ab einer Leistung von >500 kW $_{elektrisch}$ individuell gebaut. Für eine einzelne Biogasanlage ist der ORC-Prozess also zum jetzigen Zeitpunkt nicht anwendbar. Denkbar wäre auch hier der Einsatz in einem Biogaspark von ca. 10 Biogasanlagen. Die Ergebnisse aus der überschlägigen und vereinfachten Stromgestehungspreisberechnung in Kapitel 5 zeigen, dass eine Investition in einem Biogaspark sinnvoll sein kann. Am ORC-Prozess wird weiter geforscht und vielleicht ist in Zukunft auch ein Einsatz von kleinen Modulen möglich, die dann direkt an ein einzelnes BHKW angebaut werden können und somit den elektrischen Wirkungsgrad des BHKWs steigern und die Abwärme sinnvoll nutzen.

Bei den Überlegungen, aus der Abwärme des BHKWs erneut Strom zu gewinnen kam die Frage auf, wie der entstehende Strom vergütet werden würde. In jedem Fall müsste er gleich dem Strom des BHKWs vergütet werden. Ein Innovationsbonus ist zwar aufgrund der innovativen Technik fällig, da er aber nur im Zusammenhang mit dem KWK-Bonus vergütet wird, bleibt die Frage offen, ob er in diesem Fall zutrifft.

Abwärmeenergie ist jetzt schon teilweise sinnvoll zu nutzen und je nach Anwendungsfall auch wirtschaftlich. Für die Stromgewinnung aus der Abwärme, die am erstrebenswertesten ist, sind die technischen, wirtschaftlichen und gesetzlichen Entwicklungen in der Zukunft weiter zu beobachten und abzuwarten.

7 Ausblick und gemachte Erfahrungen

Die Forschung bei dieser Untersuchung hat gezeigt, dass die Abwärmenutzung ein wichtiges Thema ist, dessen Bedeutung sich in Zukunft weiter steigern wird. Bereits in den Anfängen dieser Untersuchung wurde deutlich, dass Abwärme nicht nur bei Biogasanlagen eine große Rolle spielt, sondern in sehr vielen Bereichen Abwärme anfällt, die ungenutzt bleibt. Es ist offensichtlich, dass besonders in den letzten Jahren, in denen die Energiepreise sehr stark anstiegen, immer mehr intensive Forschungen und Entwicklungen in diesem Bereich angestellt wurden. Deshalb wurden nach immer weiterer Beschäftigung mit diesem Thema mehr und mehr Ansätze und Möglichkeiten zur Abwärmenutzung gefunden. Außerdem sind die verschiedenen Möglichkeiten so komplex, dass sie in dieser Arbeit nur teilweise erklärt und bearbeitet werden konnten. Es wurde bald klar, dass diese Arbeit eher einen Überblick über die Möglichkeiten zur Abwärmenutzung speziell bei Biogasanlagen darstellt. Da es sehr viele Möglichkeiten zur Abwärmenutzung gibt, konnten auch nicht alle Systeme, die recherchiert wurden, in die Arbeit aufgenommen werden.

Die Herausforderung bei der Abwärmenutzung von Biogasanlagen stellt sich insbesondere bei dem niedrigen Temperaturniveau. Viele der gefundenen und untersuchten Möglichkeiten stehen noch ziemlich am Anfang, um im Bereich der Abwärme von Biogasanlagen eingesetzt zu werden und es bleibt abzuwarten ob sie sich auf dem Markt durchsetzen können. Die Realisierung dieser Möglichkeiten ist vor allem durch Fördergelder ermöglicht worden. In der Praxis wird nur in Anlagen investiert, die sich wirtschaftlich lohnen. Bei der Biomasseverbrennung in Form von Holzkraftwerken sind aber schon einige Systeme (z.B. der ORC-Prozess, der Dampfschraubenmotor und der Stirling-Motor) marktreif. Das liegt daran, dass die Verbrennung von Holz oder anderer Biomasse, durch die Verunreinigung und die Brennstoffzufuhr, in keinem direkten Verbrennungsmotor stattfinden könnte, wie das bei Biogas der Fall ist. Deshalb müssen bei der Biomasseverbrennung Systeme genutzt werden, die thermische Energie und nicht die direkte Verbrennung zum Antrieb von Motoren nutzen.

In dieser Arbeit wurden die Möglichkeiten in Bezug auf das Abwärmepotential eines BHKWs untersucht. Die Verbrennung des Biogases in Gasmotoren hat sich bisher als sehr gut herausgestellt, wobei der Gasottomotor von GE Jenbacher auch einen sehr guten Wirkungsgrad aufweist. Der elektrische Wirkungsgrad ist im Gegensatz zum thermischen Wirkungsgrad wesentlich wichtiger, weil der Strom durch das EEG vergütet wird und sich dadurch überhaupt erst der Bau einer Biogasanlage lohnt. Darum ist es wichtig, dass der elektrische Wirkungsgrad so hoch wie möglich ist und an den BHKW-Motoren immer weiterentwickelt wird. Wenn die Abwärme zusätzlich zum Strom verkauft und sinnvoll genutzt werden kann, wird die Energie aus dem Biogas optimal genutzt. Deshalb ist auch die Abwärmenutzung ein wichtiges Thema an dem immer weiter entwickelt werden sollte.

Es wird aber auch geforscht, ob Biogas in anderer Form als mit herkömmlichen Gasmotoren zum Einsatz kommen könnte. In Zukunft soll auch die Brennstoffzelle, die Mikrogasturbine oder der so genannt Heißläufer-Motor bei Biogas zum Einsatz kommen. Der Vorteil von Brennstoffzellen ist der geräusch- und wartungsarme Betrieb. Die Mikrogasturbine soll effizienter als ein Gasmotor wirken, ist aber für Biogas bisher auch noch nicht technisch ausgereift. Der Heißläufer-Motor ist ein Gasmotor, der höhere Temperaturen verträgt und deshalb nicht so stark abgekühlt werden muss, wie ein bisheriger Gasmotor. Das würde auch bedeuten, dass Abwärme in einem höheren Temperaturniveau zur Verfügung stehen könnte. Es entsteht aber bei allen diesen Systemen Abwärme, die genutzt werden sollte.

Eine andere Möglichkeit besteht darin, das Biogas direkt in das öffentliche Gasnetz einzuspeisen. Dadurch wäre der ganze Einsatz einer BHKW-Anlage aufgehoben. Die Biogasqualität im Gegensatz zu Erdgas ist jedoch minderwertiger, so dass das Biogas entweder auf Erdgasqualität gebracht oder das richtige Mischungsverhältnis eingestellt werden müsste, damit die Erdgasqualität mit dem vorgeschriebenen Methananteil erhalten bleibt.

Einige der Möglichkeiten zur Abwärmenutzung aus der Untersuchung sind bereits bekannt, aber dennoch sind auch hier immer wieder Verbesserungen und Realisierungen anzustreben. Die Adsorptionskältemaschine macht es z.B. möglich, Kaltwasser mit noch niedrigeren Temperaturen zu betreiben, als das bei Absorptionskältemaschinen der Fall ist. Das ist ein Zeichen dafür, dass die Technik, aus Wärmeenergie Kälteenergie zu erzeugen, immer noch weiter verbessert werden kann. Ebenso ist es bei den Anlagen zur Stromerzeugung aus Abwärme anzustreben, dass sie zeugung aus Abwärme anzustreben, dass sie für die verschiedensten Leistungen und Temperaturen weiterentwickelt und gebaut werden. Zudem sollten die Wirkungsgrade und die Kompaktheit zusätzlich optimiert werden.

Insgesamt ist die jetzige Entwicklung positiv zu sehen, da immer mehr Möglichkeiten zur Abwärmenutzung aufgedeckt und angewendet werden. Somit wird die Energie besser verteilt, effektiver genutzt und Überschüssiges eingespart.

8 Zusammenfassung

Aufgrund der zu Neige gehenden fossilen Energieträger und dem durch den Treibhauseffekt entstehenden Klimawandel werden in den letzten Jahren verstärkt die erneuerbaren Energien gefördert. Hierzu zählt auch Biogas, das in der Landwirtschaft durch Gülle und nachwachsende Rohstoffe gewonnen werden kann. Bei der Verbrennung von Biogas in BHKWs wird elektrische Energie erzeugt, die nach dem EEG vergütet wird.

Zusätzlich zur elektrischen Energie entsteht bei der Verbrennung im BHKW thermische Energie, die teilweise für den Biogasprozess benötigt wird, jedoch zum größten Teil verfügbar ist. Um das Energiepotential der Abwärme aus einer Biogasanlage zu ermitteln, wird zunächst eine Wärmeenergiebilanz für eine Beispielanlage erstellt. Bisher wird diese thermische Energie meistens nur in Form von Nahwärme genutzt, sofern sich ein Wärmeverbraucher in der Nähe der Biogasanlage befindet und die Wärmeenergie somit verkauft werden kann.

Da sich in der Nähe einer Biogasanlage oftmals kein Wärmeverbraucher findet, kann die thermische Energie allerdings in den meisten Fällen nicht genutzt werden, deshalb sollen neue Möglichkeiten zur Abwärmenutzung von Biogasanlagen gefunden werden.

Zunächst werden theoretisch denkbare Möglichkeiten zur Abwärmenutzung ausgewählt. Die thermische Energie soll durch Umwandlung in Form von Mobiler-Heizwärme, Kaltwassererzeugung, Dampferzeugung oder Stromerzeugung eine Alternative zur bisherigen Abwärmenutzung bieten. Daraufhin wurden folgende Systeme dargestellt:

- Mobiler Latentwärmespeicher
- Absorptionskälteanlage
- Adsorptionskälteanlage
- Dampferzeugung
- Stirling-Motor
- Dampfschraubenmotor
- Organischer Rankine Kreisprozess (ORC)

Die Funktionsweise der verschiedenen Systeme wird kurz erklärt und daraufhin auf die Möglichkeiten und Grenzen dieser Systeme hingewiesen.

Die Machbarkeit der theoretischen Möglichkeiten zur Abwärmenutzung wird anhand der Beispielbiogasanlage mit verschiedenen Anwendungsbeispielen berechnet und überprüft. Hierbei stellt sich heraus, dass nicht alle der theoretischen Möglichkeiten mit dem vorhandenen Abwärmepotential zu realisieren sind. Der Stirling-Motor kann mit dem vorhandenen Temperaturniveau der Abwärme nicht betrieben werden. Für den Dampfschraubenmotor und den ORC-Prozess steht keine ausreichende Wärmemenge zur Verfügung. Deshalb ist dort nur ein Betrieb in einem Biogaspark, in dem mehrere Biogasanlagen parallel betrieben werden, denkbar. Die anderen Systeme sind an der Beispielanlage technisch anwendbar.

Einige der realisierbaren Anlagen werden anhand der erdachten Anwendungsbeispiele auf die Wirtschaftlichkeit überprüft. Hierbei wird der Effizienzbonus, der bei der Kraft-Wärme-Kopplung anzurechnen ist, und die Energieeinsparung der Notkühlanlage mit berücksichtigt. Die Wirtschaftlichkeitsberechnungen der Anwendungsbeispiele zeigen, dass die Investitionen einiger Anlagen sinnvoll sein können.

Durch die Diskussion der Ergebnisse zur Machbarkeit und der Wirtschaftlichkeitsberechnungen stellt sich heraus, dass es einige gute und realisierbare Möglichkeiten zur Abwärmenutzung gibt. Die meisten Systeme stehen allerdings an der Schwelle zur Wirtschaftlichkeit und werden deshalb in der Praxis noch nicht sehr oft angewendet. Die steigenden Energiepreise und die technische Weiterentwicklung im Bereich Abwärme tragen jedoch zu einer weiteren Verbreitung bei.

Die gemachten Erfahrungen und der Ausblick zeigen eine positive Gesamtentwicklung auf. Es kommen zunehmend neue Systeme zur Abwärmenutzung auf den Markt und die Forschungs- und Entwicklungsarbeit geht weiter voran. Die bereits entwickelten Systeme werden weiter ausgereift und können so besser eingesetzt werden. Außerdem wird nach neuen und alternativen Möglichkeiten zur Biogasnutzung gesucht. Insgesamt wird Energie in Zukunft effektiver genutzt.

Literaturverzeichnis

[1] N.N., Agenda 21, Konferenz der Vereinten Nationen, Kapitel 9.9, Rio de Janeiro, Juni 1992 , ISBN: 92-1-100509-4

[2] Schmidt, R., Klima und Energie (basis Energie 1), Fachinformationszentrum Karlsruhe (BINE Informationsdienst), Juni 2003, ISSN: 1438-3802

[3] N.N., Gesetz zur Neuregelung des Rechts der Erneuerbaren Energien im Strombereich (EEG), §1 Abs.(2), Bundestag Berlin, 21.Juli 2004

[4] Wetter, C. u. Brügging, E., Leitfaden zum Bau einer Biogasanlage – Band 1, Von der Idee zum konkreten Vorhaben, Fachhochschule Münster, Fachbereich Energie·Gebäude·Umwelt, Stand 01/05

[5] Schulz, H., Biogas Praxis, Ökobuch Verlag, Staufen bei Freiburg, 2001, ISBN: 3-922964-59-1

[6] N.N., EnviTec Biogas GmbH, Produkte, http://www.envitec-biogas.de/prod.htm (online), 3.01.2006

[7] N.N, Jembacher-Gasmotor, Abbildung, http://www.hoyrytys.-fi/maahantuonti/jenbacher/main.htm, 10/2005

[8] N.N., Technische Beschreibung BHKW JMS 312 GS-B.L, EnviTec, 2005

[9] Pott, J., Die vielfältigen Möglichkeiten der Abwärmenutzung, IV Fachtagung der EnviTec Biogas GmbH, GE Energy Jenbacher products, Vortrag, 9.09.2005

[10] Zacharias, F., Gasmotoren, Vogel Fachbuch , 1/2001, ISBN: 3-8023-1796-3

[11] N.N., TransHeat GmbH, http://www.transheat.de, (online), 3.01.2006

[12] Andreas, H., Mobiler Thermischer Speicher, http://www.muc.zaebayern.de/zae/a4/deutsch/projekte/enerusorp/mobisp-/mobisp.html, Bayerisches Zentrum für Angewandte Energieforschung e. V. (ZAE Bayern), (online und als download), 3.01.2006

[13] Mehling, H., Latentwärmespeicher (themen info IV/02), Fachinformationszentrum Karlsruhe (BINE Informationsdienst), 2002, ISSN: 1610-8302

[14] Markus, G., Grundlagen der Kraft-Wärme-Kälte-Kopplung, http://www.bhkw-infozentrum.de/erlaeuter/kwkk_grundlagen.html, (online), BHKW-Infozentrum Rastatt, 4.01.2006

[15] Steimle, F., Wärme macht Kälte –Absorptionskälterezeugung in der Praxis, Internationale ASUE-Fachtagung 24. und 25. Januar 1996, Dresden, ISBN: 3-8027-5245-7

[16] Henning, H.-M., Klimatisieren mit Sonne und Wärme (themen info I/04), http://www.bine.info/templ_main.php/erneuerbare_energien/solare_waerme/316/link=clicked&search=&broschuere=&cd=&buecher=&foto=/, (online oder als download), Fachinformationszentrum Karlsruhe (BINE Informationsdienst), 2004, ISSN: 1610-8302

[17] N.N., Adsorptions Kältemaschine Typ NAK, http://www.gbu-biogas.de/frame-set/Frame-Set%20-download-d.html, (online oder als download), GBU mbH, Bensheim, 1998

[18] N.N., Adsorptionskältemaschine, http://de.wikipedia.org/wiki/Adsorptionsk%C3%A4ltemaschine, (online), Wikipedia (Die freie Enzyklppädie), Okt. 2005

[19] N.N., Dampferzeugung, http://www.jenbacher.com/www_deutsch/jenbacher_ns.html?http://www.jenbacher.com/www_deutsch/home/sitemap.html, (online), GE Jenbacher , 3.01.2006

[20] N.N., Stirling-Motor, Abbildung, http://www.kfz-tech.de/Stirlingmotor.htm, online, 3.01.2006

[21] N.N., Anwendungsbereiche für SOLO Stirling Engine, http://www.stirling-engine.de/, online, SOLO STIRLING GmbH, Sindelfingen, 3.01.2006

[22] Wedrich, M., Stirling-Maschinen, Ökobuch Verlag, Staufen bei Freiburg, 1994, ISBN: 3-922964-35-4

[23] N.N., Bioenergiesysteme, http://biosbioenergy.at/bios01/bios.html, (online), BIOS Bioenergiesysteme GmbH, Graz-Austria, 3.01.2006

[24] N.N., Dampfschraubenmotor-Prozess, http://www.energieregion-nuernberg.de/portal/loader.php?seite=7_wissen_blatt&system_id=9443&com=detail, (online), Energieregion Nürnberg e.V., 3.01.2006

[25] N.N., Mawera-KWK-Anlagen-Produkte-Dampfturbinen, http://www.mawera.com/dampfturbinen.0.html, (online), MAWERA Kessel & Maschinen GmbH

[26] Kauder, K. u. a., Stromerzeugung mit Schraubenmotoren, http://www.fem.mb.uni-dortmund.de/forschung/projekte/stromerzeugung/stromerzeugung.html, (online), Universität Dortmund, 3.01.2006

[27] Huppmann, G., Abwärmenutzung in der Industrie unter Verwendung des organischen Rankine Kreisprozesses (ORC), Fachinformationszentrum Energie, Physik, Mathematik in Karlsruhe, Eggenstein-Leopoldshafen, 1985

[28] Schaumann, G. u.a., Abwärmenutzung mit dem Trans-Heat-System, http://www.uni-kl.de/FVA/de/seiten/projekte/000060/transhead.pdf, (pdf-download), Innovations- und Transferinstitut Bingen GmbH, 5.09.2001

[29] N.N., Energierückgewinnung / Abwärmenutzung, http://www.energie-industrie.de/html/wrg/transheat.htm, (online und als download), Eureca AG Bensheim, 3.01.2006

[30] N.N., Daten wurden mit dem Technischem Berechnungsprogramm York opti ermittelt, Technische Datenblätter zum download unter: http://www.york.de/de/html/index.html, York-Kaltwassersysteme-Flüssigkeitskühler-Produkte, 3.01.2006

[31] N.N., Technische Beschreibung: JGS 312 GS-B.L, ARP Sollerup, GE Jenbacher, 26.01.2005

[32] N.N., Biomasse Kraft-Wärme-Kopplung mit Dampf-Schraubenmotor, http://www.koehler-ziegler.de/de/index.html, (download), Köhler Ziegler Anlagentechnik GmbH, 3.01.2006

[33] N.N., Turboden ORC Standardanlagen für Wärmerückgewinnung, http://www.turboden.it/public/05A00150_d.pdf, Turboden ORC Standardanlagen für KWK, http://www.turboden.it/public/05A00141_d.pdf, (download), www.turboden.de, Turboden, Brescia-Italien, 3.01.2006

[34] Obernberger, I. u.a., Biomasse-Kraft-Wärme-Kopplung auf Basis des ORC-Prozesses-EU-THERMIE-Projekt Admond (A), In: Tagungsband zur VDI-Tagung „Thermische Nutzung von fester Biomasse", Salzburg, Mai 2001, VDI Bericht 1588, ISBN 3-18-091588-9, VDI-Gesellschaftt Energietechnik (Hrsg.), Düsseldorf

[35] N.N., Erdwärme-Kraftwerk Neustadt-Glewe, Fakten, Technische Daten, http://www.erdwaerme-kraft.de/, (online), 3.01.2006

[36] N.N., Mindestvergütungssätze nach dem EEG 2005, http://ea-nrw.de/_database/_data/datainfopool/eeg2005.pdf, (download), Energieagentur NRW, 2005

[37] Wetter, C u. Brügging E., Leitfaden zum Bau einer Biogasanlage – Band II, Gesetzliche Grundlagen und Planung, Fachhochschule Münster, Fachbereich Energie·Gebäude·Umwelt, Stand 01/05

[38] N.N., Abbildung, http://www.meinex.de/en/?idraz=1&idpodraz=24, (online), 3.01.2005

[39] N.N., Technisches Datenblatt, Güntner Rückkühler Axial, GFH Wärmeträger, http://www.guentner.de/fileadmin/pdf/produkte/gfh.pdf, (download), Hans Guentner GmbH, 3.01.2006

[40] Reinmuth, F., Energieeinsparung in der Gebäudetechnik, Vogel-Fachbuch, Kamprath-Reihe, Würzburg, 1994, ISBN: 3-8023-1502-2